21世纪高职高专规划教材·通识课系列

职业素养养成教育

（1）

主编　张云霞

中国人民大学出版社
·北京·

《职业素养养成教育》指导委员会

本册编写组

主　审： 牛定柱　马洪军　姚廷超

主　编： 张云霞　单庆益　李琼霞

副主编：（排名不分先后）

邬　琰　那凤莲　张林仙　那永生

前　言

随着社会经济的不断发展，社会和企事业单位对用人的要求也日益提高，而且对人才素质，更看重品质与素养。因此，德育工作和育人目标也必须与社会需求相适应，从传统的德育教育向市场驱动作出调整和转变。

近年来，我们通过走访、问卷、校企恳谈会等形式调研了多家企业，发现现代社会和企业对用人的标准提出了新的要求，除了专业能力以外更提出了情感、态度和价值观的要求，如责任心、守时负责、诚实正直、能够适应变化、自我学习和自我发展的能力、与人交流和与人合作的精神、良好的职业道德与创新能力等，这表明现代企业更关注学生的职业素养。

针对调研的结果，我们对企业看重的职业素养进行归类，把“三生教育”“职业生涯规划”“职业核心能力”“就业指导”等课程进行整合，并提出职业素养培养的思路、达到的目标以及实现目标的路径，具体如下表所示。

职业素养归类及培养思路、目标及实现路径

职业素养构成	企业关注的职业素养	学校培养学生职业素养的思路、目标及实现路径		
		认知	训练	强化
职业道德	敬业、诚信	根据企业用人标准，对学生进行职业素养认知教育，让学生明白自己应该具备什么样的职业素养，使学生成为“职校人”	根据企业用人标准，有针对性地对学生的职业素养进行养成训练，使学生成为“准职业人”	在学生实习阶段，强化职业素养的培养，让学生提前成为“职业人”
职业意识	职业态度、职业心理、角色认知			
职业行为	守时遵规			
职业核心能力	与人交流、与人合作、解决问题、自我学习、自我发展			

在上述思想的指导下，我们编写了本书，希望学生通过学习能将书中内容内化为自身的职业素养，成就自己的事业。

由于《职业素养养成教育》的编写采用了全新的思路，没有可供借鉴的框架和模式，加上编写组成员的学术水平有限，所编写的内容难免有不足之处，恳请各位专家批评指正！

目　录

主题活动一　何为大学　大学何为

认识我的生命线

生命线是你我都有的东西，人手一份，不多不少。人间有多少条性命，就有多少条生命线。生命线就是每个人生命走过的路线。下面我们就做一个有关“生命线”的游戏，这个游戏就是画出你人生的路线图。

好，游戏开始。请准备好一张白纸。还请准备一支红铅笔和一支蓝铅笔，彩笔也行，要求一支较鲜艳，一支较暗淡。要用颜色区分心情。先把白纸摆好，横放最好。

在纸的中部，从左至右画一道长长的横线。多长呢？随意，长短皆可。

然后给这条线加上一个箭头，让它成为一条有方向的线。

0 ——————————→ 100

然后，请你在线条的左侧，写上“0”，在线条右方的箭头旁边，写上你为自己预计的寿命数。可以写 68，也可以写 100。

此刻，请你在这条线的最上方，写上你的名字，再写上“生命线”三个字。游戏的准备工作就完成了。

一张洁白的纸，写有“×××的生命线”的字样，其下有一条有方向的线条，代表了你的生命长度。它有起点，也有终点。

请一寸一寸地抚摸这条线。它就是你人生的路线图。你是你自己人生的设计师，没有人能替代你。没有！

请你按照你为自己设定的生命长度，找到你目前所在的那个点。比如你觉得自己能活八十岁，你现在只有二十岁，你就在整个线段的四分之一处，留下一个标记。之后，请在你的标记的左边，即代表着过去岁月的那部分，把对你有着重大影响的事件用笔标出来。比如七岁你上学了，你就找到和七岁相对应的位置，填写上学这件事。注意，如果你觉得是件快乐的事，你就用鲜艳的笔来写，并要写在生命线的上方。如果你觉得快乐非凡，你就把这件事的位置写得更高些。假如，十岁时，你的祖母去世了，她的离世对你造成了极大的创伤，你就在生命线十岁的位置下方，用暗淡的颜色把它记录下来。抑或，十七岁高考失利……你痛苦非凡，就继续在生命线相应位置的下方很低的地方记载下来。依此操作，你就用不同颜色的彩笔和高低不同的位置，记录了自己在今天之前的生命历程。

过去时的部分已经完成，你要看一看，数一数，在影响你的重大事件中，位于横线之上的部分多，还是位于横线之下的部分多？上升和下降的幅度怎么样？最重要的是看你个人对这件事的感受，而不在于他人的评判。

完成了过去时，我们进入将来时。既然是一生的规划，你有什么想法就一股脑儿地写出来吧。很多人在这时犯愁了，不是他没有计划，而是他很少将这些计划在时间上固定下来。

在你的坐标线上，把你这一生想干的事，比如挣多少钱、住什么样的房子、职业生涯、个人情趣等都标出来。如果有可能，尽量把时间注明。视它们带给你的快乐和期待的程度，标在线的上方。如果它是你的挚爱，请用鲜艳的笔，高高地填写在你的生命线的最上方。

当然，在将来的生涯中，还有挫折和困难，比如父母的逝去，比如孩子的离家，比如生病等各种意外的发生，比如职场或事业方面可能出现的挫折、失业等，不妨一一用暗淡的笔迹将它们在生命线的下方大略勾勒出来，这样我们的生命线才称得上完整。

你要看看你亲手写下的这些事件，是位于线的上半部分较多还是下半部分较多。也就是说，是快乐的时候比较多，还是痛苦的时候比较多？这不是评判你选择的正误和你生活质量的优劣，而是看你感受如何。如果你觉得这样还好，你就不妨如此继续下去。如果你不甘心，不妨尝试改变一下。

如果你的生命线上所标示的事件，大部分都在生命线之下，那么，是否可以考虑调整一下自己看世界的眼光？你对未来的估计是不是太消极了一些？如果是，你对你的情况是否满意？如果满意，这就是你的性格所选择的生活了。多种价值观和生活方式并存，正是当今世界的特点之一。如果你觉得有改变它们的愿望，那么你可以试着用另一种眼光来看待世界。如果你的所有事件都标在了生命线之上，也并非就是一件值得恭贺的事情。

承认自己的局限，承认人生是波澜起伏的过程，接纳自己的悲哀和沮丧，都是正常生活的一部分，犹如黄连和甘草，都是治病的良药。

游戏结束，你的心情如何？你想对自己的过去、现在和将来说点什么呢？

游戏总结：

何为大学

我心中的大学正如________________大学（A），因为它具备________________、________________、________________的特点（最重要的三个方面依次排序）。

我理想中的大学生活是这样的：

____

____

____。

我很想和大家分享我理想中的大学的“样子”和大学生活：

□精剪视频　□ PPT 展示　□演说

□文字描述：

____

____

____。

今天，我终于圆了自己的大学梦，站在这个风景如画的大学（B）校园里，它不是我心中的大学（A）。有些许遗憾？老师给我们全面地介绍了 B，听了之后，我对 B 最深刻的认识是：

____

____

____。

老师说，如果我们继续抱着遗憾进入这个学校学习，整天怨天尤人，迁怒环境，迁怒他人，这种心绪于事无益，反而有害。一个没有勇气面对现实，成天生活在幻想和虚拟世界中的人，从某个方面也说明这种心理素质配不上 B，更配不上 A。

思考：什么是大学？我将在大学中干什么？

____

____

____

____

____。

什么是大学？

学者说：

英国霍尔丹勋爵曾说：大学，是民族灵魂的反映。

我国著名教育家梅贻琦在 1931 年 12 月出任清华大学校长时说：所谓大学者，非谓有大楼之谓也，有大师之谓也。

德国学者卡尔·雅斯贝尔斯曾说：学生到大学里来，是为了学习人文科学和自然科学，并为将来从事一门职业做好准备。

学长说：

一是“怪”，出双入对的情侣竟然可以理所当然地出现在校园的每一个角落，上课没有固定的教室，竟然是背着书包打“游击”。

二是“快”，昨天还在操场上军训，今天就要期末考试了，几个月怎么过得这么快，相对于“度日如年”的高中生活而言，大学的时间就像那只可笑的蜗牛趴在乌龟后背上发出的感慨：哎呀，太快了。

三是“high”，在大学校园里，生活简直太爽了，没有父母和班主任的唠叨，远离了高考，可以“选修课必逃、必修课选逃”，有选择性地听课，可以睡到日头西斜。甚至有的同学是“网通（往往是通宵）”“铁通（铁定是通宵）”“联通（连着是通宵）”，以网吧为“家”。

四是“唉”，要期末考试了，要放假回家了，才突然发现自己还没有认真听过几节课，才突然发现自己还没有认真读过几本书，才突然发现自己没有学到什么东西。

老师说：

大学不仅仅赋予年轻一代谋生的技能，更重要的是传承中华民族文化、赋予大学生一种民族的价值观、一种责任感、一种做人的道理、一种人格魅力、一种锲而不舍的精神、一种理性分析问题和解决问题的能力。

因此，我希望大学赋予我：

____

____

____

____

____。

大学何为

我如那过河的小马，先听取别人的意见和建议，以过好“大学”这条河，我希望自己的将来更加光明。

结合自己的现状和当前所处的环境，我可以尝试着做些什么改变呢？

学长告白：

曾经有一个很好的大学生活放在我的面前，我没有珍惜。等到虚度后才追悔莫及，人世间最痛苦的事莫过于此！如果上天能够让我再上一次大学，我会对大学生活说三个字：“规划它！”如果一定要在这个规划上加上一个时间，我会毫不犹豫地说：“现在！”

规划要考虑的：

首先，________________________________

____

____；

其次，________________________________

____；

再次，________________________________

____；

…………

中国大学生的知心朋友李开复先生在《给中国大学生的第四封信》中，列举了每一个进入大学校园的人都应该掌握的学习内容。

1. 自修之道：自学的能力，举一反三或无师自通的能力。大学生应该充分利用校园里的人才资源，从各种渠道学习知识，还应该充分利用图书馆和互联网，培养独立学习和研究的本领。

2. 基础知识：如数学（理工科学生必备的基础）、英语、计算机和互联网的使用，以及本专业要求的基础课程。

3. 实践贯通："我听到的会忘掉，我看到的能记住，我做过的才真正明白"。无论学习哪个专业、哪门课程，同学们都应该懂得理论知识与具体实践如何结合，如果能在学习过程中努力实践，做到融会贯通，就可以更深入地理解所学的理论知识。

4. 培养兴趣：开拓自己的视野，接触众多的领域，客观地评估和寻找自己的兴趣所在。孔子说，知之者不如好之者，好之者不如乐之者。如果你对某个领域充满激情，你就有可能在该领域发挥自己所有的潜力。

5. 积极主动：要有积极的态度，对自己的一切负责，勇敢面对人生，要做好充分的准备，事事用心、事事尽心、以终为始，积极地规划自己的大学生活。

6. 掌控时间："时间多了很多"正是大学与高中之间巨大的差别，这就需要我们学会安排时间、计划时间、管理时间。

7. 为人处世：诚信待人，培养真正的友情，学习团队精神和沟通能力，善于学习周围的人身上的优点，提高自身修养和人格魅力。

联合国教科文组织曾提出，学生在学校期间，必须学会求知、学会做人、学会共处、学会生存。这是一直沿用的"四会"教育目标。

我还看过其他名人、学者的书籍：____

____________________；文章：____

________________；演讲：____

____________等，结合老师对 B 的介绍与大学学习建议，以及父母和亲友的意见，我给自己拟订了详细的大学学习内容。

我将在学校做什么：

____

____

____

____

____

自我评估

通过活动实践，我做到了以下几项（在以下相应评估等级下打“√”）

序号	自我评估标准	自我评估等级				
		优秀	良好	中等	较差	很差
1	按时参与活动					
2	活动前能积极地为活动开展做好各项准备工作					
3	活动中能积极地分享					
4	活动中能创造性地提出自己的想法或观点					
5	想法或观点能引起小组成员的共鸣、热烈讨论					
6	能对小组其他成员的想法或观点进行建设性的评价					
7	能按要求认真完成活动的每一项内容					
8	能找到不足，并有切实可行的改进措施					
9	活动后有总结、有反馈、有进步					
10	参加活动后能够不断发现自己的不足，希望以后做得更好，并在以后的日子里加以改正	强烈	较强	一般	很小	不想
11	参加活动后有不同的心得体会，收获情况也不同	很大	较大	一般	较少	没有

收获感言：

职业指导教师评价

<table>
<tr><td colspan="3">评选活动之星了!</td></tr>
<tr><td>是否为小组活动之星
是（ ） 否（ ）</td><td colspan="2">理由：

职业指导教师签名</td></tr>
<tr><td>是否为班级活动之星
是（ ） 否（ ）</td><td colspan="2">理由：

职业指导教师签名</td></tr>
<tr><td colspan="3">评定成绩了!</td></tr>
<tr><td>成绩评定</td><td>评定标准</td><td>备注</td></tr>
<tr><td>优秀（ ）</td><td>1. 按照活动要求，参加并完成了所有项目
2. 是小组活动之星
3. 是班级活动之星
4. 能严格要求自己认真思考，在学习、生活上体现明显</td><td>第 2 和第 3 之中有其一</td></tr>
<tr><td>良好（ ）</td><td>1. 按照活动要求，参加并完成了所有的项目
2. 能严格要求自己认真思考，在学习、生活上体现明显</td><td></td></tr>
<tr><td>中等（ ）</td><td>1. 按照活动要求，参加并完成了 99% 的项目
2. 能严格要求自己认真思考，在学习、生活上体现明显</td><td></td></tr>
<tr><td>及格（ ）</td><td>1. 按照活动要求，参加并完成了 95% 的项目
2. 能严格要求自己认真思考，在学习、生活上体现明显</td><td></td></tr>
<tr><td>不及格（ ）</td><td>1. 按照活动要求，参加并完成了 90% 以下的项目
2. 不能严格要求自己认真思考，在学习、生活上体现明显</td><td></td></tr>
<tr><td colspan="3">职业指导教师评语</td></tr>
<tr><td colspan="3">

职业指导教师签名：</td></tr>
</table>

主题活动二　大学生的行为应该是什么“样子”

进入大学了，我应该像一名真正的大学生，首先从自己的行为规范开始做起。大学生的行为应该是什么“样子”的呢？为了以后能和自己的职业更好地匹配，我想应该是这样的：

<table>
<tr><th colspan="2">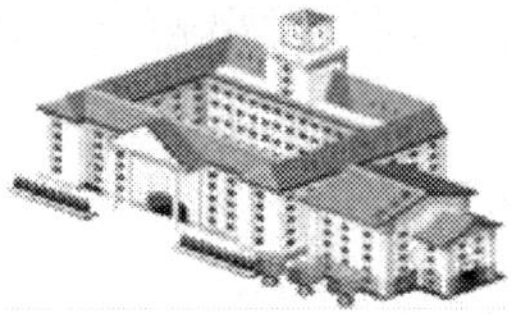 校园内</th></tr>
<tr><td>在校园里，我应该做到</td><td>第一条　我平时要注意仪表整洁、举止有礼。师生见面，我会主动打招呼行礼，说“老师好”“您好”。同学之间，每日初次见面，也要以礼相待，相互问好。
第二条　行走时，会注意姿势，遵守规则，同老师相遇，应让老师先行。遇到年老体弱的教师在做较重的体力劳动时，应主动帮忙。
第三条　进办公室应先敲门或打招呼，经老师允许后方可入内。进办公室不得随便翻阅办公桌上的东西。如果需要翻看有关书刊，应先征得教师或办公室工作人员的同意。
第四条　爱护学校的一草一木，不折花，不践踏草坪，自觉维护校园环境卫生。
第五条　过好健康的业余文化生活，不介绍、购买、出借、传阅内容反动和淫秽的书刊、图片、音像制品等。
第六条　保持校内环境安静，不在宿舍区和教学区、科研区、办公区内进行影响师生工作、学习和休息的体育、文娱活动，午休、晚自习和上课时间不在教室或宿舍举办各种活动。</td></tr>
</table>

<table>
<tr><td>在校园里，我应该做到</td><td colspan="5">　　第七条　珍惜学校的荣誉，不做有损学校荣誉的事，毕业离校时，为母校留下珍贵的纪念。
　　第八条　在上课铃响之前，应该先进教室，做好准备，静候老师前来上课。若迟到，应在教室外向老师行礼报告，得到任课老师允许后方可进入教室。上课要专心听讲，不做与上课无关的事，比如主动关闭手机，不接听、不查阅手机。对老师讲授的内容如有疑问，不要随便打断老师的讲课，可先将疑点记录下来，待老师讲授告一段落后，再举手提问，亦可在课后或辅导课时向老师请教。
　　第九条　上课时保持仪容整洁，衣着大方，夏天不穿背心、短裤、拖鞋进入教室。
　　第十条　对课堂教具、设备和墙壁、门窗等备加爱护，不随便移动，不污染或损害。在教室里爱护照明设备，节约用电，离开教室时随手关灯。
　　第十一条　教室内外保持清洁，不随地吐痰，乱扔纸屑、果皮等杂物。
　　第十二条　上下课时，走动、移动桌椅动作要轻，避免发出嘈杂声，影响其他人学习。</td></tr>
<tr><td rowspan="2">第一学期我的表现</td><td colspan="5">做到的打“√”，没做到的打“×”</td></tr>
<tr><td>第一条□
第六条□
第十一条□</td><td>第二条□
第七条□
第十二条□</td><td>第三条□
第八条□</td><td>第四条□
第九条□</td><td>第五条□
第十条□</td></tr>
<tr><td>第一学期我是这样规范我的行为的</td><td colspan="5">学生签名：
年　月　日</td></tr>
</table>

<table>
<tr><th colspan="2">图书馆</th></tr>
<tr><td>在图书馆，我应该做到</td><td>第一条　图书馆开放时要有秩序地进馆，夏天不穿背心、短裤、拖鞋等进阅览室，如果穿硬底钉有铁掌的皮鞋入馆时，尽量放轻脚步，以免影响他人。
第二条　借阅图书时不乱翻乱扔，保持原有摆放顺序。
第三条　不替他人代占座位，也不强占暂时离开的读者的座位。对于阅览室里的书刊，阅后及时插入原处，避免一人同时借阅几本杂志，妨碍其他同学借阅。
第四条　不在图书杂志上乱写乱画，不拆撕书刊，更不偷盗书刊。</td></tr>
<tr><td rowspan="2">第一学期我的表现</td><td>做到的打“√”，没做到的打“×”</td></tr>
<tr><td>第一条□　　第二条□　　第三条□　　第四条□</td></tr>
<tr><td>第一学期我是这样规范我的行为的</td><td>学生签名：
年　月　日</td></tr>
</table>

会场上

在会场，我应该做到	第一条　准时参加会议，不迟到、不无故缺席。 第二条　主动关闭手机，不接听手机、不查阅手机等。 第三条　自觉维护会场秩序，服从会议组织方的统一指挥，遵守会场纪律，尊重讲话人、报告人的劳动，不做与会议无关的事情。 第四条　爱护公共设施，保持会场清洁卫生，不吃果壳食物，不随地吐痰和口香糖，不乱扔废弃物。 第五条　因故迟到或中途出场时动作要轻，不弄响坐椅，以免影响他人。 第六条　散会时，有秩序地离开会场，不抢先、拥挤，避免造成混乱和意外事故。
第一学期我的表现	做到的打“√”，没做到的打“×” 第一条□　第二条□　第三条□ 第四条□　第五条□　第六条□
第一学期我是这样规范我的行为的	 学生签名： 年　月　日

	**宿舍**
在宿舍，我应该做到	第一条　自觉遵守宿舍管理的各项规章制度，服从管理，主动配合有关人员的检查。遇到停水停电等突发事件时保持安静和冷静，通过学生干部或管理员、值班人员及时解决问题，不起哄滋事，严防发生意外。 第二条　宿舍内加强团结，互相关心，互相爱护，互相帮助，相邻宿舍的同学要互相尊重、友好交往。 第三条　遵守作息制度，按时起床，按时就寝，晚上迟归宿舍要主动进行登记。在自习或别人休息时，动作轻，打电话时节约时间、控制音量。不在宿舍区喧哗、打闹，不放大音响、电脑的音量，不浏览黄色网站，不看“黄”片。 第四条　在宿舍里注意语言美，不讲脏话、粗野的话，不将易燃、易爆的物品带回宿舍，宿舍内不烧酒精炉、煤油炉，不点蜡烛，不使用电炉、电烙铁等电热设备，不私接电源，不私自留客住宿。不抽烟、酗酒。 第五条　增强自我防范意识，提高警惕，防火防盗。休息或外出时关锁好门窗，玻璃坏了及时报修。发现可疑人员立即询问、报告，确保宿舍安全。 第六条　注意公共卫生和宿舍卫生，起床后及时叠好被子，注意床上整洁，床下鞋子放整齐。不随地吐痰，不随地小便，不乱抛果皮纸屑，更不将剩饭菜、瓜果皮壳倒在水池里、室内外、走廊里，垃圾一律倒入垃圾篓。
第一学期我的表现	做到的打“√”，没做到的打“×” 第一条□　第二条□　第三条□ 第四条□　第五条□　第六条□
第一学期我是这样规范我的行为的	学生签名： 年　月　日

	**待人接物**
在待人接物上，我应该做到	第一条　遇见他人写信或阅读信件，不偷看或强行拆阅，不随便打听信件的对象和内容，不私拆他人信件。 第二条　代转他人的书信原封不动地转交，不因集邮等原因而损毁他人的邮件。 第三条　有客人敲门或打招呼问询时，回答“请进”或到门口相迎，客人进屋，放下手中的工作，起身热情迎接。 第四条　男女生之间文明交往，举止得体。与他人交谈时避免不礼貌的口头语，注意谈吐文明，措词雅洁，行为雅观。 第五条　遇有问路人，认真指引。尊重他人的人格、宗教信仰和民族习惯，维护国家荣誉和学校形象，遇见外宾，以礼相待，不卑不亢。
第一学期我的表现	做到的打“√”，没做到的打“×” 第一条□　第二条□　第三条□ 第四条□　第五条□
第一学期我是这样规范我的行为的	学生签名： 年　月　日

<table>
<tr><td colspan="2"> 食堂</td></tr>
<tr><td>在食堂，我应该做到</td><td>第一条　就餐时遵守食堂就餐时间，自觉排队，不插队，不拥挤。
第二条　就餐时不将脚放在凳子上，不在桌凳上乱写乱画，讲究卫生，保持食堂清洁。爱惜粮食，吃剩的饭菜倒入泔水缸，不随便乱倒。
第三条　不将饭菜端回教室、宿舍用餐。
第四条　尊重工人师傅的劳动，平时见到工人师傅热情地打招呼，可以配合和帮助工人师傅搞好食堂工作。</td></tr>
<tr><td rowspan="2">第一学期我的表现</td><td>做到的打“√”，没做到的打“×”</td></tr>
<tr><td>第一条□　　第二条□
第三条□　　第四条□</td></tr>
<tr><td>第一学期我是这样规范我的行为的</td><td>学生签名：
年　月　日</td></tr>
</table>

<table>
<tr><td></td><td>上网</td></tr>
<tr><td>在上网时，我应该做到</td><td>第一条　遵守宪法的基本原则和相关法规的规定，不散布、传播谣言，不浏览、发布不良信息。
第二条　弘扬优秀民族文化，遵守网络道德规范，诚实友好交流，不侮辱、欺诈和诽谤他人，不侵犯他人的合法权利。
第三条　自觉维护公共信息和公共网络安全，不制作、传播计算机病毒，不非法侵入计算机信息系统，自觉维护网络秩序。
第四条　正确运用网络资源，善于利用网络学习，不沉溺于虚拟时空，不在网上进行色情活动，保持身心健康。
第五条　增强自我保护意识，不在网上公开个人资料，不随意约见网友，不参加无益身心健康的网络活动。</td></tr>
<tr><td rowspan="2">第一学期我的表现</td><td>做到的打“√”，没做到的打“×”</td></tr>
<tr><td>第一条□　第二条□　第三条□
第四条□　第五条□</td></tr>
<tr><td>第一学期我是这样规范我的行为的</td><td>学生签名：
年　月　日</td></tr>
</table>

<table>
<tr><td></td><td>校外</td></tr>
<tr><td>在校外，我应该做到</td><td>第一条　观看电影、演出，准时入场，对号入座。如果迟到，询问排号要低声，穿过座位时应表示歉意。做文明观众，严禁起哄滋事。
第二条　乘公共电、汽车主动购票，给老、幼、病、残、孕及师长让路、让座，不争抢座位。
第三条　遵守交通规则，注意交通安全，不违章骑车，过马路走人行横道。
第四条　遵守公共秩序，购票购物按顺序，对营业人员要有礼貌。
第五条　参观博物馆、纪念馆遵守秩序，未经同意，不触摸设备和展品。瞻仰烈士陵墓保持肃穆。
第六条　爱护公共设施、文明古迹，爱护庄稼、花草、树木，保护有益动物。
第七条　严禁浪费，穿戴整洁，朴素大方。
第八条　见义勇为，对违反社会公德的行为进行劝阻。</td></tr>
<tr><td rowspan="2">第一学期我的表现</td><td>做到的打“√”，没做到的打“×”</td></tr>
<tr><td>第一条□　第二条□　第三条□　第四条□
第五条□　第六条□　第七条□　第八条□</td></tr>
<tr><td>第一学期我是这样规范我的行为的</td><td>学生签名：
年　月　日</td></tr>
</table>

自我评估

通过活动实践，我做到了以下几项（在以下相应评估等级下打“√”）

序号	自我评估标准	自我评估等级				
		优秀	良好	中等	较差	很差
1	按时参与活动					
2	活动前能积极地为活动开展做好各项准备工作					
3	活动中能积极地分享					
4	活动中能有创造性地提出自己的想法或观点					
5	想法或观点能引起小组成员的共鸣与热烈讨论					
6	能对小组其他成员的想法或观点进行建设性的评价					
7	能按要求认真完成活动的每一项内容					
8	能找到不足，并有切实可行的改进措施					
9	活动后有总结、有反馈、有进步					
10	参加活动后能够不断发现自己的不足，希望以后做得更好，并在以后的日子里加以改正	强烈	较强	一般	很小	不想
11	参加活动后有不同的心得体会，收获情况也不同	很大	较大	一般	较少	没有

收获感言：

职业指导教师评价

评选活动之星了!	
是否为小组活动之星 是（　　）　否（　　）	理由： 职业指导教师签名
是否为班级活动之星 是（　　）　否（　　）	理由： 职业指导教师签名

评定成绩了!

成绩评定	评定标准	备注
优秀（　　）	1. 按照活动要求，参加并完成了所有项目 2. 是小组活动之星 3. 是班级活动之星 4. 能严格要求自己认真思考，在学习、生活上体现明显	第 2 和第 3 中有其一
良好（　　）	1. 按照活动要求，参加并完成了所有的项目 2. 能严格要求自己认真思考，在学习、生活上体现明显	
中等（　　）	1. 按照活动要求，参加并完成了 99% 的项目 2. 能严格要求自己认真思考，在学习、生活上体现明显	
及格（　　）	1. 按照活动要求，参加并完成了 95% 的项目 2. 能严格要求自己认真思考，在学习、生活上体现明显	
不及格（　　）	1. 按照活动要求，参加并完成了 90% 以下的项目 2. 不能严格要求自己认真思考，在学习、生活上体现明显	

职业指导教师评语

职业指导教师签名：

主题活动三　业余时间的管理

听说进入大学，学习和生活都比较松散。我既期待和向往那种不一样的、新鲜的自由，又害怕进入盲目的瞎混状态。有人用“快、怪、high、唉”四个字概括大学生活，确实如此吗?

有关本校和其他高职院校对大学生时间管理现状的调查研究	
问题	80.3% 的大学生在时间管理方面有问题 52% 的大学生时间价值感较差，意识不到时间的有效性和可贵 49% 的大学生时间管理效能感差，无法有效安排自己的时间 45% 以上的大学生无法按照事情的重要性安排自己的时间
差异	大二学生的时间价值感最差，时间浪费最严重 在时间效能感方面，高年级高于低年级 在时间监控能力上，人文社科类专业学生高于理工科类专业学生 男生监控能力高于女生 学生干部或社团负责人监控能力优于普通学生
现状	从周一到周五，各年级大学生总体的课余时间为每天 5 个小时，面对如此充足的休闲时间，大一学生主要选择了学生会和社团活动；大二学生主要选择了各种活动、上网；大三学生主要忙于实习和找工作 少部分学习优秀的同时兼顾学生会、社团工作的学生，也多处于“盲”“乱”的状态，千头万绪，没有计划性，缺乏科学、合理的时间安排和分配

对大学生休闲时间分配的研究如下图所示：

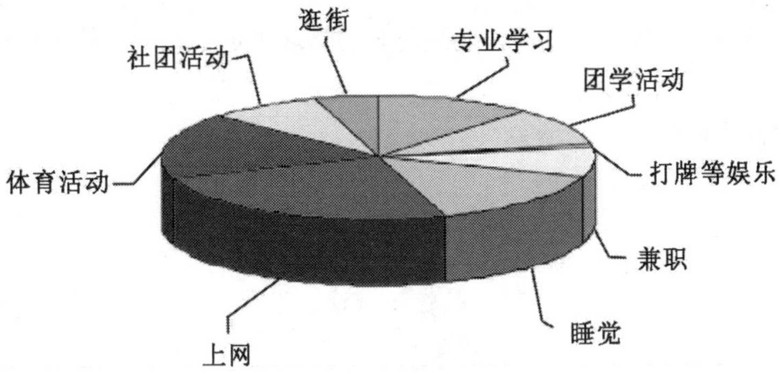

面对校园里流传的“快、怪、high、唉”，以及上述调查研究结果，我觉得：

□正常　□诧异　□令人震惊　□难以接受

因为：

____

____

____

____

____。

为什么需要管理时间？

生活在大学校园里，最能体现大学生活的不是上课时间，而是课余时间。你将面临很多的“第一次”，你要从思考中确立自我，学会管理时间。

李开复说的“时间多了很多”正是大学与高中之间巨大的差别，这就需要我们学会安排时间、计划时间、管理时间，即掌控时间。

人的差异在于两项，一项是对时间的利用，另一项是头脑。在这个充满竞争的时代，作为即将步入社会的大学生，要“学会求知、学会做人、学会共处、学会生存”，学会管理时间非常重要。

每个人都有自己的梦想，或者都有自己理想中的生活目标。用专业一点的话说，就是有自己的人生规划。所谓人生规划，无外乎就是你希望能够做自己想做的事情，成为自己想成为的人，达到自己预设的目标。

我们多数人不是“富二代”，也不是“官二代”，如何才能把大学生活过得丰富多彩呢？在万千资源中，时间是最公平的！好好把你的时间加以管理，以弥补自己的缺陷并创造出其他资源。

人生需要规划，时间需要打理，业余时间的管理决定了一个人的成败。

认识时间：

时间意味着什么？

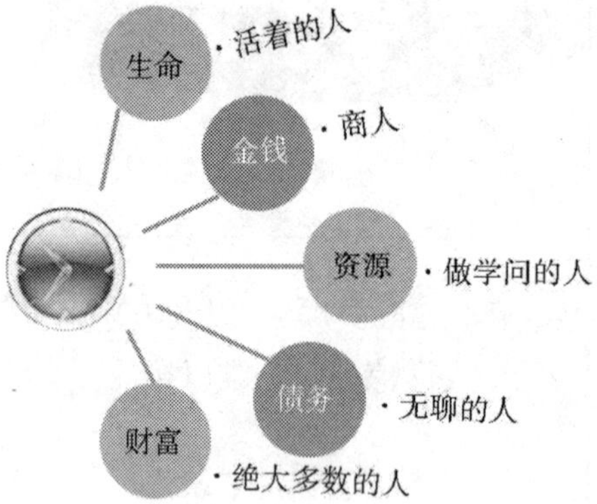

体会时间：

想要体会“一年”有多少价值，可以去问一个“挂科”重修的学生；

想要体会“一月”有多少价值，可以去问一个不幸早产的母亲；

想要体会“一周”有多少价值，可以去问一个周刊的编辑；

想要体会“一天”有多少价值，可以去问“一闭一睁”的小沈阳；

想要体会“一小时”有多少价值，可以去问一对等待相聚的恋人；

想要体会“一分钟”有多少价值，可以去问一个错过火车的旅人；

想要体会“一秒钟”有多少价值，可以去问一个死里逃生的幸运儿；

想要体会“一毫秒”有多少价值，可以去问一个错失金牌的运动员。

我希望我的大学业余生活是这样的：

____

____

____

____

____________________。

所以，我很想合理、有效地对自己的业余时间进行计划和分配。

如何有效地管理业余时间？

第一步：清理和诊断我的时间。

我们的课余时间有多少？

除去每天 8 小时的睡眠时间，如果以每周五天、每天六节课、每节课 50 分钟计算，每周的上课时间是 1 500 分钟，而剩余的课余时间竟有 5 220 分钟，几乎是上课时间的 4 倍。

我们的时间财富在哪里？

一天 ＝ 24 小时 ＝ 1 440 分钟 ＝ 86 400 秒。

如果有一天，银行向你的账户打款 8.64 万元，要求只能当天消费，不可以储蓄、投资、送人，可以随便花，随便购买东西。

请问：你如何用这笔钱？

我打算这样用：

____

____

____

______________________________。

时间财富的奥妙：

1 秒=1 元

类比分析：

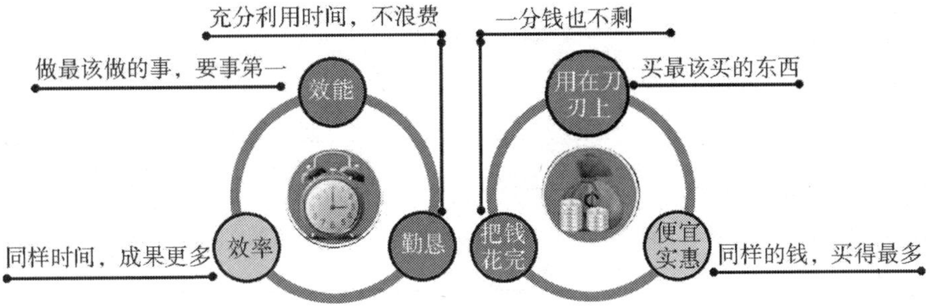

效益 ＝ 效能 × 效率 × 勤恳。

效能最为重要，效率次之，勤恳再次之。

我的时间有多少？到底是怎么用的？

一周业余时间使用记录表

时间段	用途（即这段时间做的事情）	所做的事情与自己远期目标的契合度	时间使用效率	改进意见

备注：改进意见可以是维持现状、取消该项活动、以更高效的方法处理类似的活动、将活动交由更具有该方面特长的人处理。

第二步：消除浪费，汇合时间。削减花时间而又不产生价值的行为，将断断续续的时间汇合成大块的可以持续利用的时间单元。

我削减的行为有：

____

____

____

____

____

____。

汇合成的时间单元为：

____

____

____

____

____

____。

零碎时间主要分布的时间段：

____

____

____

____

____

____。

第三步，重新统一分配业余时间。

管理时间的 10 项原则：

1. 目标明确：设立明确的目标是关键。
2. 事先规划：我要做什么事。
3. 设定有限次序。
4. 达成关键成果。
5. 专注：现在就开始。
6. 捍卫你的时间。
7. 充分利用零碎时间（学习、沟通、思考、休息）。
8. 一时一事。
9. 坚决地放弃。
10. 褒奖自己。

我的时间分配分享（以某一时间单元为例）：

____

____

____

____

____

____

____。

建议：业余时间注重以下事项的时间分配和管理

一、阅读

图书馆是一个值得去“泡”的地方。一个民族的精神境界取决于这个民族的阅读水平，一个人的阅读史就是他的精神发育史。通过阅读，我们不一定能延长生命的长度，但一定可以改变生命的宽度，增加生命的厚度；我们不一定能实现我们的人生梦想，但一定可以帮助我们更接近人生梦想。

你仍在通宵玩网游，或是一天 2/3 的时间都在玩手机，还是因为失恋自暴自弃?阅读吧，去完善心灵的成长!

二、社团及团学活动

学校里丰富的社团或团学活动是我们的“第二课堂”，业余时间多参加社团或团学活动，能让你学会尊重人，学会帮助别人，学会与人共处，学会协调关系……能让你接触社会，了解社会，锻炼才干。

你是否认为身边的所有活动都和自己没关系，而用睡觉、闲聊、喝酒、逛街等活动打发业余时间？进入大学校园，在独立参与团体活动的过程中，你正从独立中体验自主，学会承担责任，你正从交友中品味成熟，学会与人合作，培养团体意识。

三、体育锻炼

如今，“宅”是青少年生活的主题，这部分造成了大学生的体能“一年不如一年”的现状，同时，国人，尤其是中年人和老年人出现的身体健康问题越来越多，人们比以往任何时候更加注重身体健康。

体育锻炼对身体、生命的意义和作用，你应该知道很多，但缺乏的是行动力，或是将一切借口赶走的勇气……

四、经营“宿舍之家”

我们从四面八方聚集到宿舍这个十几平方米的空间里，将共同学习、生活和休息三四年。虽然大家性格迥异，但都渴望在大学生活的主阵地——宿舍获得温暖，拥有快乐、和谐的氛围，收获美好的回忆。宿舍是我们的“家”，经营好这个家需要每个人付出努力，这样才能建成“健康、卫生、舒适、文明”之家。

为了达成上述目标，拥有一个温暖的“宿舍之家”，宿舍成员共同约定以下条款，以经营好我们的“家”：

____

____

____

____

____

____

____

____。

建议：行动吧，现在就开始

每天挑战自己，提高效率

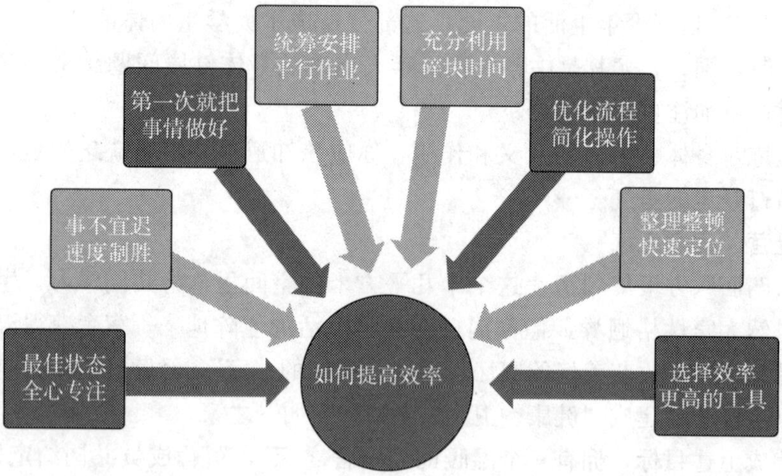

让目标牵引你，让危机感催促你

掌握命运的方法很简单，远离懒惰就可以了。

自我评估

通过活动实践，我做到了以下几项（在以下相应的评估等级下打“√”）

序号	自我评估标准	自我评估等级				
		优秀	良好	中等	较差	很差
1	按时参与活动					
2	活动前能积极地为活动开展做好各项准备工作					
3	活动中能积极地分享					
4	活动中能有创造性地提出自己的想法或观点					
5	想法或观点能引起小组成员的共鸣热烈讨论					
6	能对小组其他成员的想法或观点进行建设性的评价					
7	能按要求认真完成活动的每一项内容					
8	能找到不足，并有切实可行的改进措施					
9	活动后有总结、有反馈、有进步					
10	参加活动后能够不断发现自己的不足，希望以后做得更好，并在以后的日子里加以改正	强烈	较强	一般	很小	不想
11	参加活动后有不同的心得体会，收获情况也不同	很大	较大	一般	较少	没有

收获感言：

职业指导教师评价

评选活动之星了!	
是否为小组活动之星 是（　　）　否（　　）	理由： 职业指导教师签名
是否为班级活动之星 是（　　）　否（　　）	理由： 职业指导教师签名

评定成绩了!		
成绩评定	评定标准	备注
优秀（　　）	1. 按照活动要求，参加并完成了所有项目 2. 是小组活动之星 3. 是班级活动之星 4. 能严格要求自己认真思考，在学习、生活上体现明显	第 2 和第 3 之中有其一
良好（　　）	1. 按照活动要求，参加并完成了所有的项目 2. 能严格要求自己认真思考，在学习、生活上体现明显	
中等（　　）	1. 按照活动要求，参加并完成了 99% 的项目 2. 能严格要求自己认真思考，在学习、生活上体现明显	
及格（　　）	1. 按照活动要求，参加并完成了 95% 的项目 2. 能严格要求自己认真思考，在学习、生活上体现明显	
不及格（　　）	1. 按照活动要求，参加并完成了 90% 以下的项目 2. 不能严格要求自己认真思考，在学习、生活上体现明显	

职业指导教师评语
   职业指导教师签名：

主题活动四　认识职业生涯规划

我有这些困惑吗?

★ 不知道自己想干什么?

★ 不知道自己适合干什么?

★ 不知道自己能干什么?

★ 不知道社会需要什么样的人?

★ 不了解自己所学专业未来的发展状况?

★ 不了解到哪里找工作?

★ 不知道现在该做些什么?

★ 不知道应该深造、出国还是择业?

我的困惑是:

★ 什么样的工作是好工作?

我的回答是:

____

____

______________________________。

★ 我怎么知道哪个工作适合自己?

我的回答是:

____

____

______________________________。

★ 我如何才能找到一份好工作？

我的回答是：

★为了找到一份好工作，我打算怎么做？

我的回答是：

一、职业生涯的内涵

职业生涯是指从踏入社会、从事工作之前的职业训练或职业学习开始直至职业劳动结束、离开工作岗位为止。职业生涯是一个人一生连续担负的工作职业和工作职务的发展道路。与职业不同，职业生涯是一个发展的概念，是一个动态的过程，是一个人在其一生中与工作相关的一系列活动、行为、态度、价值观、愿望等的有机整体。

二、职业生涯分期

一般来说，每个职业生涯大致可以分为成长、探索、建立、维持和退出五个阶段（见下图），每个阶段都具有其自身的特点。一个人在一生中扮演许许多多的角色，就如同一条彩虹，同时具有许多色带。

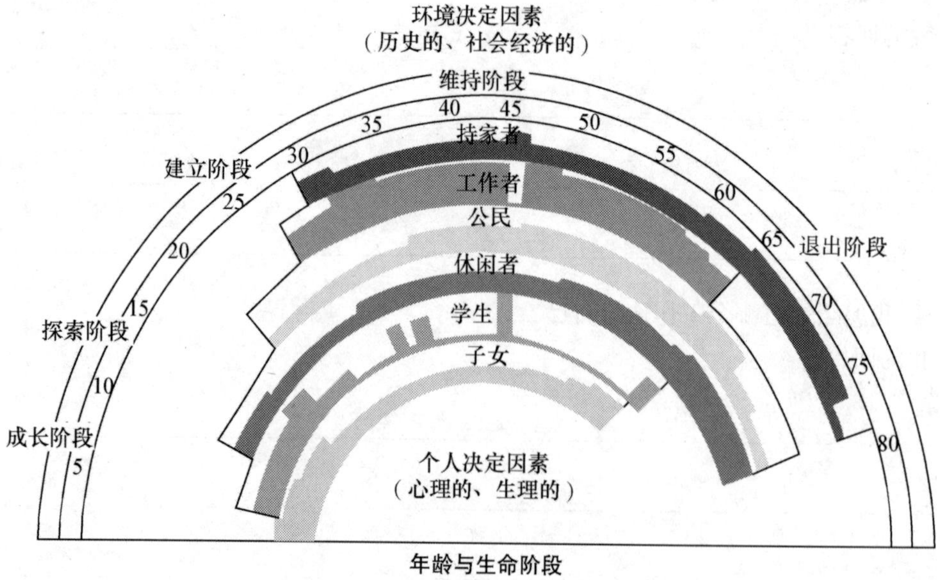

三、职业生涯规划的意义

英国著名剧作家莎士比亚说过，人生就是一部作品，谁有生活理想和实现的计划，谁就有好的情节和结果，谁便能写得十分精彩和引人注目。

职业生涯是人生中追求自我实现的重要人生阶段。人的生命价值，在一定意义上说，就在于其职业生涯方面的成就和成功。在一个人的有限生命中，职业生涯占据着绝对重要的位置。职业生涯首先是满足人生需求的重要手段，其次是促进人的全面发展的重要手段。

四、大学生职业生涯的设计

大学生职业生涯设计的内容如下图所示。

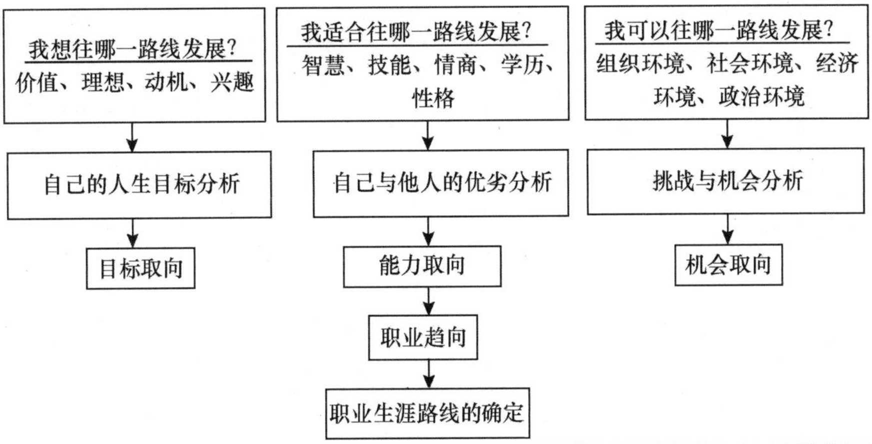

大学生职业生涯设计的内容

大学生职业生涯设计的流程如下图所示。

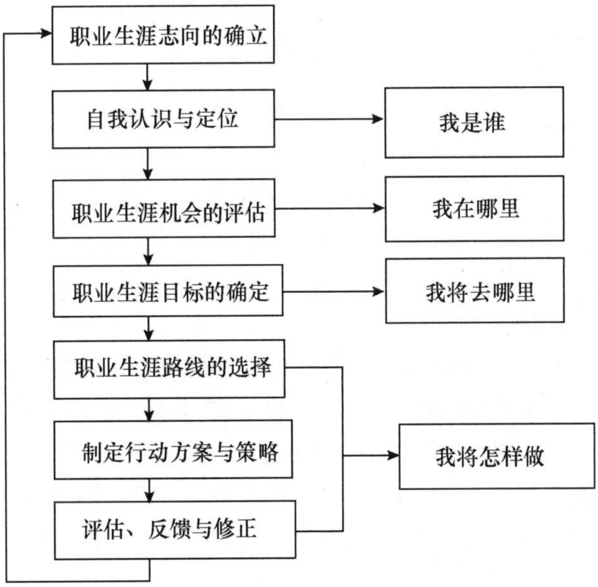

大学生职业生涯设计的流程

★ 我能清楚回答以下几个问题吗？

我是谁：

____

____

____。

我在哪里：

____

____

____。

我将去哪里：

____

____

____。

我将怎样做：

____

____

____。

★ 四只毛毛虫的故事

毛毛虫都喜欢吃苹果，有四只要好的毛毛虫，都长大了，各自去森林里找苹果吃。第一只毛毛虫可不是一只普通的虫，做事有自己的规划。它知道自己要什么苹果，也知道苹果怎么长大。因此当它带着望远镜观察苹果时，它的目标并不是一颗大苹果，而是一朵含苞待放的苹果花。它计算着自己的行程，估计当它到达的时候，这朵花正好长成一个成熟的大苹果，它就能得到自己满意的苹果。结果它如愿以偿，得到了一个又大又甜的苹果。

我的感悟：

____

____

____

____。

第二只毛毛虫到了一棵苹果树下。这只毛毛虫知道自己想要的是大苹果，并且研制了一副望远镜。它在还没有开始爬时就先利用望远镜搜寻了一番，找到了一颗很大的苹果。同时，它发现当从下往上找路时，会遇到很多分支，有各种不同的爬法；但若从上往下找路时，却只有一种爬法。它很细心地从苹果的位置，由上往下反推至目前所处的位置，记下这条确定的路径。于是，它开始往上爬了，当遇到分枝时，它一点也不慌张，因为它知道该往哪条路走。比如说，如果它的目标是一颗名叫“教授”的苹果，那就应该爬“深造”这条路；如果目标是“老板”，那就应该爬“创业”这个分枝。最后，这只毛毛虫有一个很好的结局，因为它已经有自己的计划。但真实的情况往往是，因为毛毛虫的爬行速度相当缓慢，当它抵达时，苹果不是被别的虫捷足先登，就是苹果已经熟透而烂掉了。

我的感悟：

____

____

____

____。

第三只毛毛虫也爬到了苹果树下。它知道这是一棵苹果树，也确定它的目标就是找到一颗大苹果。问题是它并不知道大苹果长在什么地方？但它猜想：大苹果应该长在大枝叶上吧！于是它就慢慢地往上爬，遇到分支的时候，就选择较粗的树枝继续爬。于是它就按这个依据一直往上爬，最后终于找到了一颗自认为很大的苹果，这只毛毛虫刚想高兴地扑上去大吃一顿，但是放眼一看，它发现这颗苹果是树上最小的一颗。更令它泄气的是，要是它选择另外一个分枝，就能得到一个大得多的苹果。

我的感悟：

____

____

____

____。

第四只毛毛虫跋山涉水，终于来到一棵苹果树下。它根本就不知道这是一棵苹果树，也不知树上长满了红红的可口的苹果，当它看到其他毛毛虫往上爬时，就稀里糊涂地也跟着往上爬。没有目的，不知终点，更不知道自己到底想要哪一种苹果，也没想过怎么样去摘取苹果。它的最后结局呢？也许找到了一颗大苹果，幸福地生活着；也可能在树叶中迷了路，过着悲惨的生活。不过可以确定的是，大部分的虫都是这样活着的，没想过什么是生命的意义，为什么而活着。

我的感悟：

____

____

____

____。

其实，我们的职业生涯道路就是毛毛虫爬树找苹果的过程，而苹果就是我们的人生目标——职业成功。在人生旅途中，我们都得爬上人生这棵苹果树去寻找未来，而没有规划的职业生涯注定是要失败的。

自我评估

通过活动实践，我做到了以下几项（在以下相应的评估等级下打“√”）

<table>
<tr><th rowspan="2">序号</th><th rowspan="2">自我评估标准</th><th colspan="5">自我评估等级</th></tr>
<tr><th>优秀</th><th>良好</th><th>中等</th><th>较差</th><th>很差</th></tr>
<tr><td>1</td><td>按时参与活动</td><td></td><td></td><td></td><td></td><td></td></tr>
<tr><td>2</td><td>活动前能积极地为活动开展做好各项准备工作</td><td></td><td></td><td></td><td></td><td></td></tr>
<tr><td>3</td><td>活动中能积极地分享</td><td></td><td></td><td></td><td></td><td></td></tr>
<tr><td>4</td><td>活动中能有创造性地提出自己的想法或观点</td><td></td><td></td><td></td><td></td><td></td></tr>
<tr><td>5</td><td>想法或观点能引起小组成员的共鸣热烈讨论</td><td></td><td></td><td></td><td></td><td></td></tr>
<tr><td>6</td><td>能对小组其他成员的想法或观点进行建设性的评价</td><td></td><td></td><td></td><td></td><td></td></tr>
<tr><td>7</td><td>能按要求认真完成活动的每一项内容</td><td></td><td></td><td></td><td></td><td></td></tr>
<tr><td>8</td><td>能找到不足，并有切实可行的改进措施</td><td></td><td></td><td></td><td></td><td></td></tr>
<tr><td>9</td><td>活动后有总结、有反馈、有进步</td><td></td><td></td><td></td><td></td><td></td></tr>
<tr><td rowspan="2">10</td><td rowspan="2">参加活动后能够不断发现自己的不足，希望以后做得更好，并在以后的日子里加以改正</td><td>强烈</td><td>较强</td><td>一般</td><td>很小</td><td>不想</td></tr>
<tr><td></td><td></td><td></td><td></td><td></td></tr>
<tr><td rowspan="2">11</td><td rowspan="2">参加活动后有不同的心得体会，收获情况也不同</td><td>很大</td><td>较大</td><td>一般</td><td>较少</td><td>没有</td></tr>
<tr><td></td><td></td><td></td><td></td><td></td></tr>
</table>

收获感言：

职业指导教师评价

<table>
<tr><td colspan="3">评选活动之星了!</td></tr>
<tr><td>是否为小组活动之星
是（　）　否（　）</td><td colspan="2">理由：

职业指导教师签名</td></tr>
<tr><td>是否为班级活动之星
是（　）　否（　）</td><td colspan="2">理由：

职业指导教师签名</td></tr>
<tr><td colspan="3">评定成绩了!</td></tr>
<tr><td>成绩评定</td><td>评定标准</td><td>备注</td></tr>
<tr><td>优秀（　）</td><td>1. 按照活动要求，参加并完成了所有项目
2. 是小组活动之星
3. 是班级活动之星
4. 能严格要求自己认真思考，在学习、生活上体现明显</td><td>第 2 和第 3 之中有其一</td></tr>
<tr><td>良好（　）</td><td>1. 按照活动要求，参加并完成了所有的项目
2. 能严格要求自己认真思考，在学习、生活上体现明显</td><td></td></tr>
<tr><td>中等（　）</td><td>1. 按照活动要求，参加并完成了 99% 的项目
2. 能严格要求自己认真思考，在学习、生活上体现明显</td><td></td></tr>
<tr><td>及格（　）</td><td>1. 按照活动要求，参加并完成了 95% 的项目
2. 能严格要求自己认真思考，在学习、生活上体现明显</td><td></td></tr>
<tr><td>不及格（　）</td><td>1. 按照活动要求，参加并完成了 90% 以下的项目
2. 不能严格要求自己认真思考，在学习、生活上体现明显</td><td></td></tr>
<tr><td colspan="3">职业指导教师评语</td></tr>
<tr><td colspan="3">

职业指导教师签名：</td></tr>
</table>

主题活动五　个人成长之路
——性格探索

一、性格的概念

性格是指一个人在先天生理素质的基础上，在社会实践活动和不同环境的熏陶下逐渐形成的比较稳定的心理特征。性格是一个人在生活中对他人、对事、对自己、对外在环境所表现出来的一致性应对方式。每个人在其成长经历中，都可能受到生理、遗传、家庭教养、文化、学习经验等因素的交互影响，从而形成自己的独特个性。

心理学家认为，性格是个人对现实的稳定态度和习惯化了的行为方式，是个人在行为和态度中表现出来的比较稳定的心理特征。所以人的个性差异首先表现在性格上。世界上没有两片完全相同的叶子，人的性格亦是如此。

二、性格与职业

性格对职业选择有重要影响。如果你的性格和职业要求相吻合，工作起来就会感到如鱼得水，得心应手，成为更有效的工作者。我们要经营自己的长处，选择适合个人性格的职业，用自己的长处而不是短处来工作，才能使性格特点和职业发展相得益彰。

三、MBTI 性格理论

作为一种性格测试工具，MBTI 主要用于衡量和描述人们在获取信息、做出决策、对待生活等方面的心理活动规律和性格类型，是目前国际上使用最广泛的职业规划和个性测评理论。

MBTI 把人的性格分为十六种类型（见下表），由四个维度上的不同偏好构成，其中：

“外倾 E-内倾 I”代表各人不同的精力（Energy）来源或能量倾向；

“感觉 S-直觉 N”代表人们是如何进行感知（Perception）、接受信息的；

“思考 T-情感 F”代表人们处理信息时是如何做决定的；

“判断 J-感知 P”代表人们的生活行为方式（Life Style），它表明我们如何与外部环境打交道。

MBTI 人性格类型

		感觉型（S）		直觉型（N）	
		思考型（T）	情感型（F）	情感型（F）	思考型（T）
内倾型（I）	判断型（J）	ISTJ	ISFJ	INFJ	INTJ
	感知型（P）	ISTP	ISFP	INFP	INTP
外倾型（E）	感知型（P）	ESTP	ESFP	ENFP	ENTP
	判断型（J）	ESTJ	ESFJ	ENFJ	ENTJ

签名画图游戏

请在下面左边的横线上签下自己的名字，换一只手写，在旁边的横线上再签一次，两次签名有什么不同的感受，请用几个词形容。

____________________ ____________________

右手签名的感受：____

____。

左手签名的感受：____

____。

我的感悟：____

____。

1. 你的能量来自哪里？

请根据你的第一反应，选择你最舒服的日常表现，在后面打“√”：

（1）A. 热情洋溢　　B. 含蓄内敛

（2）A. 乐于主动表达　　B. 沟通相对被动

（3）A. 更爱热闹　　B. 更爱安静

（4）A. 边听边说边想　　B. 先听后想，想好了再说

（5）A. 交友广泛　　B. 朋友不多

你选择的 A 有__________个；

你选择的 B 有__________个。

第一层面：关注信息来源的倾向（见下图）。

外倾型（E），通过人际关系获取能量。他们把注意力和精力放在身外世界，主动与人交往，喜欢互动。

内倾型（I），通过个人的思考和感觉获取能量。他们专注于自我的内心世界，喜欢内省。总是先想后做。

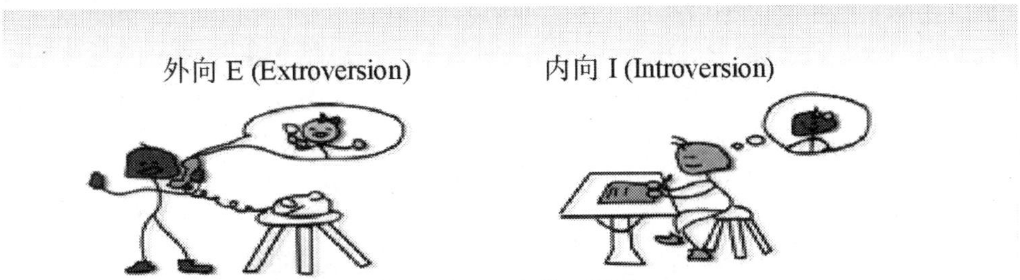

热情洋溢	● 冷静，谨慎
生机勃勃，善于表达	● 稳重，不愿意主动表达
听、说、想同时进行	● 先听，后想，再说
语速快，嗓门高	● 语速慢，语调平稳
注意力容易分散	● 注意力很集中
喜欢人多的场合	● 喜欢独自消磨时间
关注问题的广度	● 关注问题的深度
能量来自与外界的互相作用	● 能量来自内心的思考与推理

想一想，我更偏向于哪一种：____________________（请用字母表示）

2. 你是如何接受外部世界信息的？

观察下面两幅图片，描述图片的内容

图一

图二

图一：____

____

____。

图二：____

____

____。

第二层面：收集信息的方式（见下图）。

感觉型（S），他们倾向于收集详细的事实资料，他们注意自己亲身感觉到的。他们只相信可测量、能记录下来的东西。对于周围所发生的事件观察入微，特别关注现实。

直觉型（N），他们较少关注事实资料，而侧重于用思维想象各种可能性之间的彼此联系。他们更相信直觉，善于理解字面以外的含义，对一切事情都要寻求一个内在的意义，他们特别善于看到新的可能性，通常不愿维持事物的现状。

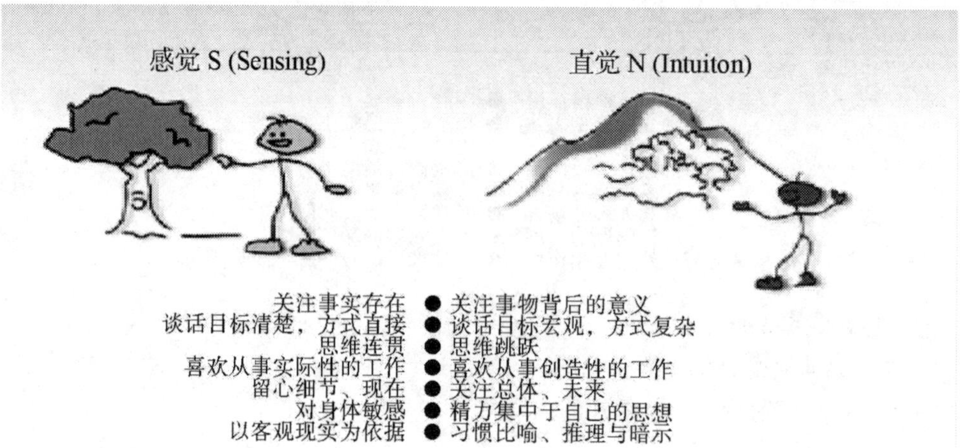

通过对感觉和直觉的了解，我认为自己是一个____________（请用字母表示）型的人。

3. 你用什么样的方式收集信息？

想象一下：你是一个篮球队的队长，你必须选择一名队员为“年度篮球先生”。最后有两个候选人：A 和 B。那么你倾向于谁？

对于 A，很明显，他是一个明星队员。虽然他还是一个低年级学生，但是他为球队赢得了许多分数，并使得全队获得年度金奖。虽然说 A 是天生的运动健将，但是他还是非常尽力地打好每场比赛。所以，出于公平起见，选择必须根据赛场表现来做出。否则，就会开一个不好的先例。相信所有的人都会毫无疑义地同意 A 获得这个荣誉。

B 虽然不是最佳球手，但是他付出了超出常人的努力去练球，总是拿出 150% 的努力打好每场比赛。每一场比赛他都热情高涨，并且很好地鼓励其他队友共同努力。而且 B 是高年级的，因为家境问题，大学毕业后就得找份工作，而不能进一步深造学习。所以，这次可能是他唯一一次在校获得这种荣誉的机会。获得的奖金还可能使他有机会继续深造。

我选择的“年度篮球先生”是：________________________。

为什么？____

____

____。

第三层面：对收集信息加工处理的方式（见下图）。

思考型（T），决策时较为客观，他们喜欢符合逻辑的决策，善于客观分析一切，并引以为豪。

情感型（F），按自己的喜好做决策，他们很能体贴人，常富有同情心，并以此为荣。

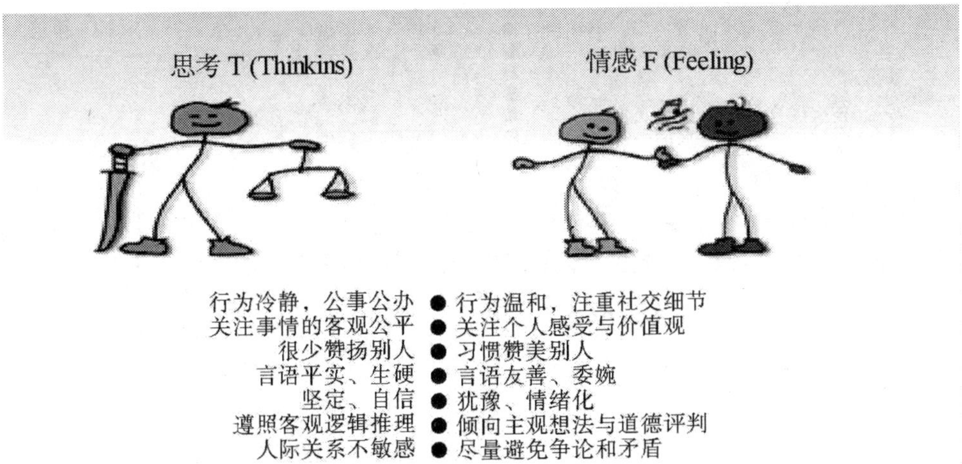

我平时在做决定、下结论时一般都偏向于通过____________（请用字母表示）来解决问题。

4. 你用什么样的方式和外部世界打交道？

假设现在是周五下午，你在本周日上午要参加大学英语四级考试。这是你参加这个考试的最后一次机会了，而你感觉自己有不少东西还没准备好，因此打算在今晚和周六好好复习一下。但是，你忽然接到一个电话，一个好朋友从外地来你的大学了。你们已经好久没有见面了，他邀你今晚聚会，他周六早上就要离开。

我会去吗？____________________________

为什么？____

____

____。

第四层面：行动方式（见下图）。

判断型（J），条理性强，只要生活安排得有条不紊，事事井井有条，他们就快乐无比。他们喜欢做判断，凡事都追求结果。

感知型（P），生活随意，更注重理解事件发生的过程和意义。

判断 J (Judging)	知觉 P (Perceiving)
正式，严肃	随意，自然
保守，谨慎	开放，灵活
习惯做决定，有决断	做事拖拉，不愿做决定
条理清楚，计划明确	缺乏条理，保持弹性
急于完成工作	喜欢开始一项工作
遵守制度、规则	常常感觉到被束缚
喜欢确立目标，然后去努力实现	经常改变目标，偏好于新的体验
外表整洁，环境干净	着装以舒服为标准，不在意环境

我在和外部世界打交道时喜欢采用______________（请用字母表示）方式。

完成我的 MBTI 测评，将测试结果记录于此，并分析自己的测试结果。

____。

自我评估

通过活动实践，我做到了以下几项（在以下相应的评估等级下打“√”）

序号	自我评估标准	自我评估等级				
		优秀	良好	中等	较差	很差
1	能按时认真完成相关测评					
2	能对测评结果、结合自身实际深入思考					
3	认真思考后，能进一步了解自己的性格（兴趣、价值观、技能）					
4	能结合自己的性格（兴趣、价值观、技能）思考自己的职业发展路径					
5	在思考职业发展路径的过程中能积极主动和学业导师、家长、同学交流					
6	更清晰自身所处环境（校园环境、社会环境、家庭环境）对自我职业发展的影响					
7	能认真思考，促使自己思考职业规划对于成长的重要性					
8	能就职业规划的认知，积极主动和老师、家长、同学交流					
9	有强烈的愿望规划自己的职业发展					
10	参加活动后能不断发现自己的不足，希望以后做得更好，并在以后的日子里加以改正	强烈	较强	一般	很小	不想
11	参加活动后有不同的心得体会，收获情况也不同	很大	较大	一般	较少	没有

收获感言：

职业指导教师评价

<table>
<tr><td colspan="3">评选活动之星了！</td></tr>
<tr><td>是否为小组活动之星
是（　　）　否（　　）</td><td colspan="2">理由：

职业指导教师签名</td></tr>
<tr><td>是否为班级活动之星
是（　　）　否（　　）</td><td colspan="2">理由：

职业指导教师签名</td></tr>
<tr><td colspan="3">评定成绩了！</td></tr>
<tr><td>成绩评定</td><td>评定标准</td><td>备注</td></tr>
<tr><td>优秀（　　）</td><td>1. 能结合自身实际制定相应的规划
2. 是小组活动之星
3. 是班级活动之星
4. 能在认识自我及环境的基础上，形成深刻的职业规划意识</td><td>第 2 和第 3 之中有其一</td></tr>
<tr><td>良好（　　）</td><td>1. 按照活动要求，参加并完成了所有的项目
2. 能在认识自我及环境的基础上，形成职业规划意识</td><td></td></tr>
<tr><td>中等（　　）</td><td>1. 按照活动要求，参加并完成了 99% 的项目
2. 能在认识自我及环境的基础上，形成职业规划意识</td><td></td></tr>
<tr><td>及格（　　）</td><td>1. 按照活动要求，参加并完成了 95% 的项目
2. 基本能在认识自我及环境的基础上，形成职业规划意识，但比较淡薄</td><td></td></tr>
<tr><td>不及格（　　）</td><td>1. 按照活动的要求，参加并完成了 90% 以下的项目
2. 不能在认识自我及环境的基础上，自主形成职业规划意识</td><td></td></tr>
<tr><td colspan="3">职业指导教师评语</td></tr>
<tr><td colspan="3">

职业指导教师签名：</td></tr>
</table>

主题活动六　个人成长之路
——兴趣探索

一、兴趣的概念

兴趣是一种重要的心理倾向，是人们力求认识和掌握某种事物，并经常参与相应活动的心理倾向。兴趣多种多样，不同的人兴趣不同。

兴趣的发展一般经历有趣、乐趣、志趣三阶段。对于职业活动，往往是从有趣的选择开始的，逐渐产生工作乐趣，进而与奋斗目标和工作志向相结合，最后发展成为志趣，表现出方向性和意志性的特点，使人坚定地追求某种职业，并为之尽心尽力。

二、职业兴趣

职业兴趣是指人们对某种职业活动具有的比较稳定而持久的心理倾向。它是一个人探究某种职业或从事某种职业活动所表现出来的特殊个性倾向，它使个人对某种职业给予优先的注意，并具有向往的情感。由于兴趣爱好不同，人的职业兴趣也有很大的差异。有人喜欢具体的工作，例如，室内装饰、园林、美容、机械维修等；有人喜欢抽象和创造性的工作，例如，经济分析、新产品开发、社会调查和科学研究等。职业兴趣对职业选择和职业发展都有一定的影响。

良好而稳定的兴趣使人从事各种实践活动时，具有高度的自觉性和积极性。个人根据稳定的兴趣选择某种职业，兴趣就会变成巨大的个人积极性，促使一个人在职业生活中做出成就。反之，如果你对所从事的职业不感兴趣，就会影响你积极性的发挥，难以从职业生活中得到心理上的满足，不利于在工作上做出成就。

职业兴趣是创新的源泉，它可以增强人的求知欲，从而朝气蓬勃地去参加工作并积极地进行探索，使人能最大限度地去挖掘潜能。有关研究资料表明，如果一个人对某一工作有兴趣，他便能发挥其全部才能的80%～90%，如果一个人对所从事的工作不感兴趣，他在工作中只能发挥其全部才能的20%～30%。

三、霍兰德职业兴趣理论

霍兰德职业兴趣理论是由美国著名职业教育专家霍兰德提出。霍兰德认为人的人格类型、兴趣与职业密切相关，兴趣是人们活动的巨大动力，凡是具有职业兴趣的职业，都可以提高人们的积极性，促使人们积极地、愉快地从事该职业，而且职业兴趣与人格之间存在很高的相关性。

霍兰德认为人格可分为社会型、企业型、常规型、现实型、研究型、艺术型六种类型。

霍兰德所划分的六大人格类型并非是并列的，六者之间有着明晰的边界。他用六边形标示了六大人格类型的关系（见下图）。

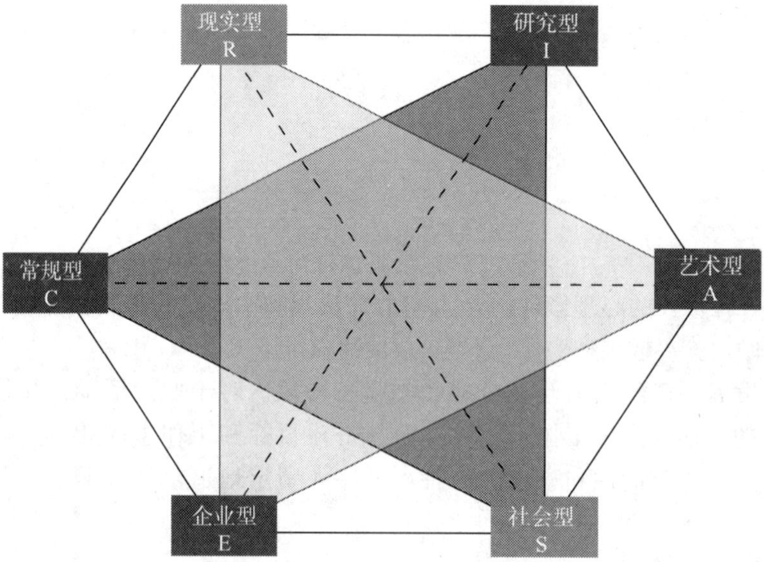

六大人格类型的关系

1. 相邻关系。

如 RI、IR、IA、AI、AS、SA、SE、ES、EC、CE、RC 及 CR，属于这种关系的两种类型个体之间的共同点较多，现实型 R、研究型 I 的人都不太偏好人际交往，在这两种职业环境中也都缺少与人接触的机会。不同职业兴趣类型的人选择从事与其人格类型相邻类型的职业比较容易适应。

2. 相隔关系。

如 RA、RE、IC、IS、AR、AE、SI、SC、EA、ER、CI 及 CS，属于这种关系的两种类型个体之间的共同点较相邻关系少。人们选择从事与兴趣类型成相隔关系的职业，经过艰苦努力，较容易适应。

3. 相对关系。

在六边形上处于对角位置的类型之间的关系即为相对关系，如 RS、IE、AC、SR、EI 及 CA，属于相对关系的人格类型个体之间的共同点较少，因此，同一个人同时面对处于相对关系的两种职业环境时，对职业兴趣都很浓的情况比较少见。所以人们如果选择与兴趣类型成相对关系的职业，则很难适应。

令人沮丧的星期一

“令人沮丧的星期一”产生的原因：________________________________

____

____。

如果我遇到“令人沮丧的星期一”的情况，如何面对？________________

____

____。

如何避免“令人沮丧的星期一”的情况出现在我的身上？______________

____

____。

当代大学生第一份工作现状调查结果显示：50％的大学生选择在一年内更换工作，两年内大学生的工作流失率接近75％。大学生在选择第一份工作时同时考虑了“兴趣爱好”和“未来发展空间”这两个因素的仅占17.5％。

我认为上述数据产生的根本原因是：

____

____

____

____。

兴趣岛游戏

恭喜你！你获得了一次免费旅游度假的机会，有机会去下列六座岛屿中的一座。唯一的要求是你必须要在这座岛屿住满至少一年的时间。请不要考虑其他因素，仅凭自己的兴趣按一、二、三的顺序挑出你最想前往的三座岛屿。

1号岛屿：自然原始的岛屿。岛上的自然生态保持得很好，有各种野生动物。居民以手工见长，自己种植花果蔬菜、修缮房屋、打造器物、制作工具，喜欢户外活动。

2号岛屿：深思冥想的岛屿。有多处天文馆、科技博览馆及图书馆。居民喜好观察、学习，崇尚和追求真知，常有机会和来自各地的哲学家、科学家、心理学家等交换心得。

3号岛屿：美丽浪漫的岛屿。充满了美术馆、音乐厅、街头雕塑和街边艺人，弥漫着浓厚的文化艺术气息。居民保留了传统的舞蹈、音乐与绘画，许多文艺界的朋友都喜欢来这里寻找灵感。

6号岛屿：现代、井然的岛屿。岛上建筑十分现代化，是进步的都市形态，以完善的户政管理、地政管理、金融管理见长。岛民个性冷静保守，做事有条不紊，善于组织规划，细心高效。

5号岛屿：显赫、富庶的岛屿。居民善于经营企业，能言善道。经济高度发展，处处是高级饭店、俱乐部、高尔夫球场。来往者多是企业家、经理人、政治家、律师等。

4号岛屿：友善、亲切的岛屿。居民个性温和、友善、乐于助人，社区均自成一个密切互动的服务网络，人们重视互助合作，重视教育，关怀他人，充满人文气息。

我最想去的三座岛屿依次是：

第一个：______________________，理由是：______________

____

____。

第二个：______________________，理由是：______________

____

____。

第三个：______________________，理由是：______________

____

____。

1 号岛	现实型—R	Realistic
2 号岛	研究型—I	Investigation
3 号岛	艺术型—A	Artistic
4 号岛	社会型—S	Social
5 号岛	企业型—E	Enterprising
6 号岛	常规型—C	Conventional

分组为自己最想去的那座岛设计宣传海报（准备工具：每组一张白纸，一套彩笔），在海报设计完成后，每组对自己的创意用 3 分钟进行阐述。

我参加的小组是：________________________________。

老师对该组的评价为：________________________________

____

____

____。

完成我的职业兴趣测评，将测试结果记录于此，并分析自己的测试结果。

____

____

____

____

____

____

____

自我评估

通过活动实践，我做到了以下几项（在以下相应的评估等级下打“√”）

序号	自我评估标准	自我评估等级				
		优秀	良好	中等	较差	很差
1	能按时认真完成相关测评					
2	能对测评结果、结合自身实际深入思考					
3	认真思考后，能进一步了解自己的性格（兴趣、价值观、技能）					
4	能结合自己的性格（兴趣、价值观、技能）思考自己的职业发展路径					
5	在思考职业发展路径的过程中能积极主动和学业导师、家长、同学交流					
6	更清晰自身所处环境(校园环境、社会环境、家庭环境）对自我职业发展的影响					
7	能认真思考，促使自己思考职业规划对于成长的重要性					
8	能就职业规划的认知，积极主动和老师、家长、同学交流					
9	有强烈的愿望规划自己的职业发展					
10	参加活动后能不断发现自己的不足，希望以后做得更好，并在以后的日子里加以改正	强烈	较强	一般	很小	不想
11	参加活动后有不同的心得体会，收获情况也不同	很大	较大	一般	较少	没有

收获感言：

职业指导教师评价

<table>
<tr><td colspan="3">评选活动之星了！</td></tr>
<tr><td>是否为小组活动之星
是（　　）　否（　　）</td><td colspan="2">理由：

职业指导教师签名</td></tr>
<tr><td>是否为班级活动之星
是（　　）　否（　　）</td><td colspan="2">理由：

职业指导教师签名</td></tr>
<tr><td colspan="3">评定成绩了！</td></tr>
<tr><td>成绩评定</td><td>评定标准</td><td>备注</td></tr>
<tr><td>优秀（　　）</td><td>1. 能结合自身实际制定相应的规划
2. 是小组活动之星
3. 是班级活动之星
4. 能在认识自我及环境的基础上，形成深刻的职业规划意识</td><td>第 2 和第 3 之中有其一</td></tr>
<tr><td>良好（　　）</td><td>1. 按照活动要求，参加并完成了所有的项目
2. 能在认识自我及环境的基础上，形成职业规划意识</td><td></td></tr>
<tr><td>中等（　　）</td><td>1. 按照活动要求，参加并完成了 99% 的项目
2. 能在认识自我及环境的基础上，形成职业规划意识</td><td></td></tr>
<tr><td>及格（　　）</td><td>1. 按照活动要求，参加并完成了 95% 的项目
2. 基本能在认识自我及环境的基础上，形成职业规划意识，但比较淡薄</td><td></td></tr>
<tr><td>不及格（　　）</td><td>1. 按照活动的要求，参加并完成了 90% 以下的项目
2. 不能在认识自我及环境的基础上，自主形成职业规划意识</td><td></td></tr>
<tr><td colspan="3">职业指导教师评语</td></tr>
<tr><td colspan="3">

职业指导教师签名：</td></tr>
</table>

主题活动七　个人成长之路
——价值观探索

一、价值观的概念

价值观是指一个人对周围的客观事物（包括人、事、物）的意义、重要性的总评价和总看法。一方面表现为价值取向、价值追求，凝结为一定的价值目标；另一方面表现为价值尺度和准则，成为人们判断事物有无价值及价值大小的评价标准。个人的价值观一旦确立，便具有相对稳定性。但就社会和群体而言，由于人员更替和环境的变化，社会或群体的价值观又是不断变化的。传统价值观会不断地受到新价值观的挑战。对诸事物的看法和评价在个体心目中的主次、轻重的排列次序，构成了价值观体系。价值观和价值观体系是决定人的行为的心理基础。

简单来说，价值观就是我们在生活和工作中，所看重的原则、标准和品质。它指向我们内心最重要的东西，是我们强大的内在驱动力，是引导行为的方向，是自我激励的机制。价值观在人们的职业生涯发展中发挥着极其重要的、决定性的、方向性的作用，在某种程度上甚至超过了兴趣和性格对我们的影响。当我们有矛盾冲突或妥协与放弃时，常常也是价值观在影响着我们。

二、工作价值观

工作价值观也称职业价值观，是指无论你从事什么工作，都会努力在工作中追求的东西。它表明了一个人通过工作所要追求的理想，探讨了人们在职业选择和职业生活中，在众多的价值取向里，优先考虑的价值。心理学家通过研究发现，由于受家庭环境、教育、兴趣爱好等多方面的影响，不同个体的职业价值观是不同的，而这种不同会影响人们对就业方向和具体职业岗位的选择。

重要价值观列举

人际关系/归属感、团队合作，物质保障/高收入，稳定，安全，创造性，多样性和变化性、新鲜感，乐趣，自由独立（时间，工作任务），被认可，受尊重，能帮助他人，能发挥自己的才能，成就感，成功，名誉，地位，有学习/发展/成长的机会，权力（领导/影响他人）有益于社会，挑战性，冒险性，竞争，符合自己的道德观，工作环境、工作与生活平衡，家庭，朋友，亲密关系，健康，信仰，自由……

参照上述列举，挑选出对你来说 5 条最重要的价值观，分别写在 5 张小纸条上。

在反面对你挑选的重要价值观进行描述，即达到什么样的程度你才满意。

现在，如果你不得不放弃其中的一条，你会放弃哪一条？将你准备放弃的这一条与同桌交换。

如果你不得不再次放弃剩下四条中的一条，你会放弃哪一条？请再次与同桌交换。（保留刚才别人给你的，放在一边。）

继续下去，直到剩下最后一条。这是否是你无论如何也不愿放弃的？

看一看，最后留下的这一条上面写的是：

____

____

______________________________。

谈一谈你对参与上述活动的感受：

____

____

______________________________。

完成我的职业兴趣测评，将测试结果记录于此，并分析自己的测试结果。

____

____

____

____

______________________________。

自我评估

通过活动实践，我做到了以下几项（在以下相应的评估等级下打“√”）

序号	自我评估标准	自我评估等级				
		优秀	良好	中等	较差	很差
1	能按时认真完成相关测评					
2	能对测评结果、结合自身实际深入思考					
3	认真思考后，能进一步了解自己的性格（兴趣、价值观、技能）					
4	能结合自己的性格（兴趣、价值观、技能）思考自己的职业发展路径					
5	在思考职业发展路径的过程中能积极主动和学业导师、家长、同学交流					
6	更清晰自身所处环境（校园环境、社会环境、家庭环境）对自我职业发展的影响					
7	能认真思考，促使自己思考职业规划对于成长的重要性					
8	能就职业规划的认知，积极主动和老师、家长、同学交流					
9	有强烈的愿望规划自己的职业发展					
10	参加活动后能不断发现自己的不足，希望以后做得更好，并在以后的日子里加以改正	强烈	较强	一般	很小	不想
11	参加活动后有不同的心得体会，收获情况也不同	很大	较大	一般	较少	没有

收获感言：

职业指导教师评价

<table>
<tr><td colspan="3">**评选活动之星了！**</td></tr>
<tr><td>是否为小组活动之星
是（　　）　否（　　）</td><td colspan="2">理由：

职业指导教师签名</td></tr>
<tr><td>是否为班级活动之星
是（　　）　否（　　）</td><td colspan="2">理由：

职业指导教师签名</td></tr>
<tr><td colspan="3">**评定成绩了！**</td></tr>
<tr><td>成绩评定</td><td>评定标准</td><td>备注</td></tr>
<tr><td>优秀（　　）</td><td>1. 能结合自身实际制定相应的规划
2. 是小组活动之星
3. 是班级活动之星
4. 能在认识自我及环境的基础上，形成深刻的职业规划意识</td><td>第 2 和第 3 之中有其一</td></tr>
<tr><td>良好（　　）</td><td>1. 按照活动要求，参加并完成了所有的项目
2. 能在认识自我及环境的基础上，形成职业规划意识</td><td></td></tr>
<tr><td>中等（　　）</td><td>1. 按照活动要求，参加并完成了 99% 的项目
2. 能在认识自我及环境的基础上，形成职业规划意识</td><td></td></tr>
<tr><td>及格（　　）</td><td>1. 按照活动要求，参加并完成了 95% 的项目
2. 基本能在认识自我及环境的基础上，形成职业规划意识，但比较淡薄</td><td></td></tr>
<tr><td>不及格（　　）</td><td>1. 按照活动的要求，参加并完成了 90% 以下的项目
2. 不能在认识自我及环境的基础上，自主形成职业规划意识</td><td></td></tr>
<tr><td colspan="3">**职业指导教师评语**</td></tr>
<tr><td colspan="3">

职业指导教师签名：</td></tr>
</table>

主题活动八　个人成长之路
——技能探索

一、能力的概念

什么是能力？能力是人们顺利完成某种活动所必备的个性心理特征和倾向。任何活动都要求参与者具备一定的能力，参与者是否具备该能力直接影响着活动的效果。能力可以分为一般能力和特殊能力两种，一般能力包括观察力、注意力、想象力、思维力等，也就是所谓的智力。特殊能力包括言语表达力、计算力、空间判断力、形态知觉力、手眼协调力等。

在职业生涯规划中，通常所说的能力是指技能，是我们在完成一项工作或任务时，运用到的具体的特质、才艺和个人品质。能力是技能的基础，技能的提升比能力要快，更加可塑。

二、能力的分类

从职业生涯角度来看，能力即技能，具体可分为专业技能、可迁移技能、自我管理技能三种（见下表）。

能力的分类

专业技能 (属于内容性技能，用名词表述)	可迁移技能 (属于功能性技能，用动词表述)	自我管理技能 (属于适应性技能，用形容词、副词表述)
植物栽培	复制	认真的
森林病虫害防治	比较	冷静的
园林工程设计	计算	有创造力的
工程预算	汇编	细心的
电子商务	分析	宽容的
酒店管理	调整	耐心的
会计	综合	协作的
……	……	……

1. 专业技能。

专业技能是指一些静态的我们已学到的知识，主要是一些名词表述的技能，专业知识技能主要用于解决具体问题。

在下表列出你在学校学过或将要学习的专业课程。

我的专业技能清单

序号	课程	获得的专业技能
1		
2		
3		
4		
5		
6		
7		
8		
…	…	…

2. 可迁移技能。

可迁移技能是指可以迁移的并能用于不同工作场景的技能。它们通常以动词的方式出现，这些技能是完成工作任务最主要的技能。

请根据下表选出你认为自己最擅长的 5 项可迁移技能。

可迁移技能

主动学习	积极倾听	批判性思维	策略性学习
数学思维	阅读理解	科学思维	口头表达
书面表达	资金管理	物资管理	人员管理
时间管理	协作	教导	协调
说服	服务意识	人际关系处理	判断和决策
系统分析	系统评估	研发分析	技术设计

技能 1：____

____。

技能 2：____

____。

技能 3：____

____。

技能 4：____

____。

技能 5：____

____。

3. 自我管理技能。

自我管理技能主要是指一些个人特质，经常用形容词来体现。这些技能在个人的职业发展中起着非常重要的影响。

职场成功的五大基本要素就是自我管理技能的重要组成部分。

品德：个人的品质，包括体贴、尊重、容忍、宽容、诚实、负责、平和、忠心、礼貌、幽默等。

智能：一个人的智力或者处理问题的能力，如观察力、记忆力、思维力、想象力、创造力，以及分析问题和解决问题的能力。

情绪能力：有效处理和管理自己情绪的能力，良好的处理人际关系的能力。

逆境承受能力：面对失败或逆境的承受能力，即能不能承受失败，能不能顶住压力继续前进。如持之以恒、坚毅。

胆识：具有冒险精神和勇气。有勇气的人能够把握机会。

请用 5 个形容词来描述你的优点：

在老师眼里，你是一个什么样的学生？

你的同学通常怎么评价你？

通常你给人留下的最深刻的印象是什么？

你觉得自己身上最明显的特点是什么？

结合自己的实际，分析自己需要提升的技能有哪些。

____

____

____

____

____。

为了掌握以上的技能，我需要做哪些努力？

____

____

____

____

____。

相关链接

人职匹配理论

人职匹配理论即关于人的个性特征与职业性质一致的理论，其基本思想是，个体差异是普遍存在的，每一个个体都有自己的个性特征，而每一种职业由于其工作性质、环境、条件、方式的不同，对工作者的能力、知识、技能、性格、气质、心理素质等都有不同的要求。进行职业决策时，要根据一个人的个性特征来选择与之相对应的职业种类，即进行人职匹配。

人职匹配得好，则个人的个性特征与职业环境协调一致，工作效率和职业成功的可能性就会大大提高。反之工作效率和职业成功的可能性就很低。因此，对于组织和个体来说，进行恰当的人职匹配具有非常重要的意义。而进行人职匹配的前提之一是必须对人的个体特性有充分的了解和掌握，而人才测评则是了解个体特征最有效的方法，所以人职匹配理论是现代人才测评的理论基础。

自我评估

通过活动实践，我做到了以下几项（在以下相应的评估等级下打“√”）

序号	自我评估标准	自我评估等级				
		优秀	良好	中等	较差	很差
1	能按时认真完成相关测评					
2	能对测评结果、结合自身实际深入思考					
3	认真思考后，能进一步了解自己的性格（兴趣、价值观、技能）					
4	能结合自己的性格（兴趣、价值观、技能）思考自己的职业发展路径					
5	在思考职业发展路径的过程中能积极主动和学业导师、家长、同学交流					
6	更清晰自身所处环境（校园环境、社会环境、家庭环境）对自我职业发展的影响					
7	能认真思考，促使自己思考职业规划对于成长的重要性					
8	能就职业规划的认知，积极主动和老师、家长、同学交流					
9	有强烈的愿望规划自己的职业发展					
10	参加活动后能不断发现自己的不足，希望以后做得更好，并在以后的日子里加以改正	强烈	较强	一般	很小	不想
11	参加活动后有不同的心得体会，收获情况也不同	很大	较大	一般	较少	没有

收获感言：

职业指导教师评价

评选活动之星了！	
是否为小组活动之星 是（　　）　否（　　）	理由： 职业指导教师签名
是否为班级活动之星 是（　　）　否（　　）	理由： 职业指导教师签名

评定成绩了！

成绩评定	评定标准	备注
优秀（　　）	1. 能结合自身实际制定相应的规划 2. 是小组活动之星 3. 是班级活动之星 4. 能在认识自我及环境的基础上，形成深刻的职业规划意识	第 2 和第 3 之中有其一
良好（　　）	1. 按照活动要求，参加并完成了所有的项目 2. 能在认识自我及环境的基础上，形成职业规划意识	
中等（　　）	1. 按照活动要求，参加并完成了 99% 的项目 2. 能在认识自我及环境的基础上，形成职业规划意识	
及格（　　）	1. 按照活动要求，参加并完成了 95% 的项目 2. 基本能在认识自我及环境的基础上，形成职业规划意识，但比较淡薄	
不及格（　　）	1. 按照活动的要求，参加并完成了 90% 以下的项目 2. 不能在认识自我及环境的基础上，自主形成职业规划意识	

职业指导教师评语

职业指导教师签名：

主题活动九　我的职业生涯规划

我们应该有目标地学习、生活与工作。面对日益严峻的就业压力，就让职业生涯规划比赛（见下表）为大学生们提供一个机会。本主题的目的在于：合理地安排大学时间，避免学习的盲目性和被动性，确定职业发展方向和实施策略，让大学生们以科学的态度规划自己的职业生涯，提高大学生的就业竞争力，赢在职场的起跑线上。

大学生职业生涯规划比赛

<table>
<tr><td colspan="3">经过学习，我对职业生涯规划的认识</td></tr>
<tr><td rowspan="4">认识自己</td><td>我的性格</td><td></td></tr>
<tr><td>我的兴趣</td><td></td></tr>
<tr><td>我具备的技能</td><td></td></tr>
<tr><td>我的价值观</td><td></td></tr>
<tr><td rowspan="4">SWOT
分析</td><td>我的优势</td><td></td></tr>
<tr><td>我的不足</td><td></td></tr>
<tr><td>我的机会</td><td></td></tr>
<tr><td>我的挑战</td><td></td></tr>
<tr><td rowspan="3">职业目标
定位</td><td>目标一</td><td></td></tr>
<tr><td>目标二</td><td></td></tr>
<tr><td>目标三</td><td></td></tr>
<tr><td>行动
计划</td><td colspan="2"></td></tr>
</table>

自我评估

通过活动实践，我做到了以下几项（在以下相应的评估等级下打“√”）

序号	自我评估标准	自我评估等级				
		优秀	良好	中等	较差	很差
1	能按时认真完成相关测评					
2	能对测评结果、结合自身实际深入思考					
3	认真思考后，能进一步了解自己的性格（兴趣、价值观、技能）					
4	能结合自己的性格（兴趣、价值观、技能）思考自己的职业发展路径					
5	在思考职业发展路径的过程中能积极主动和学业导师、家长、同学交流					
6	更清晰自身所处环境（校园环境、社会环境、家庭环境）对自我职业发展的影响					
7	能认真思考，促使自己思考职业规划对于成长的重要性					
8	能就职业规划的认知，积极主动和老师、家长、同学交流					
9	有强烈的愿望规划自己的职业发展					
10	参加活动后能不断发现自己的不足，希望以后做得更好，并在以后的日子里加以改正	强烈	较强	一般	很小	不想
11	参加活动后有不同的心得体会，收获情况也不同	很大	较大	一般	较少	没有

收获感言：

____

____

____

____

职业指导教师评价

评选活动之星了！	
是否为小组活动之星 是（ ） 否（ ）	理由： 职业指导教师签名
是否为班级活动之星 是（ ） 否（ ）	理由： 职业指导教师签名

评定成绩了！

成绩评定	评定标准	备注
优秀（ ）	1. 能结合自身实际制定相应的规划 2. 是小组活动之星 3. 是班级活动之星 4. 能在认识自我及环境的基础上，形成深刻的职业规划意识	第 2 和第 3 之中有其一
良好（ ）	1. 按照活动要求，参加并完成了所有的项目 2. 能在认识自我及环境的基础上，形成职业规划意识	
中等（ ）	1. 按照活动要求，参加并完成了 99% 的项目 2. 能在认识自我及环境的基础上，形成职业规划意识	
及格（ ）	1. 按照活动要求，参加并完成了 95% 的项目 2. 基本能在认识自我及环境的基础上，形成职业规划意识，但比较淡薄	
不及格（ ）	1. 按照活动的要求，参加并完成了 90% 以下的项目 2. 不能在认识自我及环境的基础上，自主形成职业规划意识	

职业指导教师评语

职业指导教师签名：

21世纪高职高专规划教材·通识课系列

职业素养养成教育

（2）

主编　张云霞

中国人民大学出版社
·北京·

《职业素养养成教育》指导委员会

本册编写组

主　审： 牛定柱　马洪军　姚廷超

主　编： 张云霞　那凤莲　陈明星

副主编：（排名不分先后）

邬　琰　周　静　陈元红　林光辉

邹铠同　吕　燕　李琼霞　张雪梅

前　言

随着社会经济的不断发展，社会和企事业单位对用人的要求也日益提高，而且对人才素质，更看重品质与素养。因此，德育工作和育人目标也必须与社会需求相适应，从传统的德育教育向市场驱动作出调整和转变。

近年来，我们通过走访、问卷、校企恳谈会等形式调研了多家企业，发现现代社会和企业对用人的标准提出了新的要求，除了专业能力以外更提出了情感、态度和价值观的要求，如责任心、守时负责、诚实正直、能够适应变化、自我学习和自我发展的能力、与人交流和与人合作的精神、良好的职业道德与创新能力等，这表明现代企业更关注学生的职业素养。

针对调研的结果，我们对企业看重的职业素养进行归类，把“三生教育”“职业生涯规划”“职业核心能力”“就业指导”等课程进行整合，并提出职业素养培养的思路、达到的目标以及实现目标的路径，具体如下表所示。

职业素养归类及培养思路、目标及实现路径

职业素养构成	企业关注的职业素养	学校培养学生职业素养的思路、目标及实现路径		
		认知	训练	强化
职业道德	敬业、诚信	根据企业用人标准，对学生进行职业素养认知教育，让学生明白自己应该具备什么样的职业素养，使学生成为“职校人”	根据企业用人标准，有针对性地对学生的职业素养进行养成训练，使学生成为“准职业人”	在学生实习阶段，强化职业素养的培养，让学生提前成为“职业人”
职业意识	职业态度、职业心理、角色认知			
职业行为	守时遵规			
职业核心能力	与人交流、与人合作、解决问题、自我学习、自我发展			

在上述思想的指导下，我们编写了本书，希望学生通过学习能将书中内容内化为自身的职业素养，成就自己的事业。

由于《职业素养养成教育》的编写采用了全新的思路，没有可供借鉴的框架和模式，加上编写组成员的学术水平有限，所编写的内容难免有不足之处，恳请各位专家批评指正！

目　录

主题活动十　积极交流表达
把握交谈方式

- 了解主动沟通、积极表达的重要性
- 学习主动创造沟通的机会
- 把握有效的交谈方式
- 养成沟通的习惯

行动

一、分析以下案例并思考

谁的错？

杨杨从小睡觉就养成了习惯：一定不可以有光亮和声音。住校后，这成了她最头疼的一件事。每晚一定要等着大家都躺下，关灯停止说话后，她才能入睡。时间一长，杨杨常常处于睡眠不够的状态，心里积攒了很多怨气。

一天夜里，很晚了，上铺的女孩子还在看书，灯亮着，杨杨在床上辗转反侧，无法入睡。她使劲地把床上的书本摔得很响，希望那个女孩子能自觉，可是那个女孩子却一无所动。看看表，已经是凌晨一点了，杨杨再也忍不住了，她跳下床，冲到门边的开关前，摁下了关灯键。

上铺的女孩子也跳下床，摁下了开灯键。

两个人大声地争吵起来。宿舍里的其他人都被吵醒了，七嘴八舌参与了进来，大家都指责杨杨不懂得尊重别人。

杨杨很委屈：我错了吗？我错在了哪里？

看了这个案例，请思考问题：如果我是杨杨，我会：________________________

____

____

____

____。

知识点　　主动沟通，积极表达的重要性

在与人相处的过程中，沟通非常重要。沟通是消除误会，解决矛盾，达成一致的先决条件。

1. 沟通可以让我们彼此了解。猜测和隐忍不言在大学生的相互交流中是常见的交流模式。其实，我们每个人都是不同的个体，在思考和处理问题的模式上各有不同，因此，想要正确了解别人，唯有沟通。猜测只会让我们产生不必要的隔阂。

2. 沟通可以让我们彼此理解。每个人的观点、对事物的了解、对未发生事情的期待、想要得到的结果，通过沟通才能让别人了解。才能让别人在对自己了解的基础上，对自己的所做、所言有所理解。

3. 沟通是解除误会、化解矛盾的有效工具。尝试去了解对方，并让对方了解自己，把问题放在桌面上，才能看清问题或是矛盾的症结所在，这样，才有可能解除误会，化解矛盾。

4. 沟通是增进感情的润滑剂。沟通是联结人与人之间的桥梁，是你来我往的过程，在这个过程里，双方都会增进对彼此的了解，尝试站在对方的立场上看问题，能够增进对对方的理解，甚至是欣赏彼此。

二、阅读下面短文，并回答问题

沟通最重要

一位厌倦了城市喧嚣的年轻人，拖着一身疲惫来到一个山谷中。对于他来说，世态的炎凉、人性的冷漠已使他心灰意冷，于是他来到这么一个渺无人烟的山谷，打算过与世无争的生活。

在这与世隔绝的山谷里，没有人烟，鸟兽稀少，却有着许多美丽而奇异的花草，由于很少有人来这里骚扰它们，所以显得分外宁静与安详。年轻人觉得这就是美的所在。为了保留这份宁静与安详，他将整个山谷都封了起来。

就这样，年轻人在山谷中看花开叶落，看了一年又一年，在这些日子里，年轻人像古人一样，每日在山谷中玩文作画以自娱，过着逍遥自在的生活。但也隐隐约约感到黑暗的孤寂与苦闷。

几年后，他便发现，他能画的花的种类越来越少，他所赖以生存的谷地，收获粮食越来越少，眼看就要不够吃了。这是怎么回事呢？年轻人放下了手中的笔，纳闷起来。年轻人决定找出个中的原因。

渐渐地，他终于发现，那些高大的、能够奋发向上的植物越发茂盛，而那些与他一样与世隔绝的花草却趋于死亡。难道谷外还有什么值得他们去追求的东西吗？

年轻人迟疑地爬上一棵伸向谷外的大树，顺着树枝伸展的方向望去，一缕阳光照射在他苍白的脸颊上，耀眼而又温暖的阳光使他明白，即使在这与世隔绝的山谷里，还是要与外界相沟通的，这些与世无争的花草树木还要为生存争取更多的明媚阳光，自己同样也需要沟通。

于是年轻人走到山谷的出口，奋力推开沉重的大门。随着“吱呀”的声音，门缓缓地打开。展现在他眼前的是喷薄而起的红日，已从山谷间升起，山峰在红光的笼罩下更加雄伟。原来山谷并不真正是美的所在，真正美的所在是那紧闭的大门外。

请写出你读后的感想：

1. ______________________________

2. ______________________________

3. ______________________________

三、学习创造主动沟通的机会

试试看，我可以跟陌生人说话吗?

今天课后，我将尝试和三个不认识的人（可以是同性，也可以是异性）说话，并记录过程，我是怎么做的？有什么样的感受？并在下一次课上和大家分享。

记录：1. ______________________________

____

2. ______________________________

____

3. ______________________________

____

说话紧张的时候，有效的放松小技巧

深呼吸，让自己放松，然后放缓呼吸，让气息安静下来，在吐气的时候稍微加一点力气，这会让我们感觉到踏实和有力量。

微笑。微笑对于缓和身体的紧张有良好的作用。微笑可以调整呼吸，使思维更专注和集中。

知识点　　如何才能和人主动沟通？

1. 大胆主动积极地和人说话。开始的时候也许会有一些紧张，但开口总比不说好，相信多说几次之后，就会放松。

2. 平时准备一些有趣有益的话题。养成观察的习惯，留意别人在交谈中的一些有趣的话题，并有意识地分析，哪些是有吸引力的，哪些是容易引起大家共鸣的，然后留为己用。也可以准备一些有趣的小故事、小笑话，这样在交谈冷场的时候就会派上用场。在自己开口的时候，尝试练习讲一些能引起别人兴趣的事情，并留意观察大家的反应。练习几次之后，就会明白哪些话题是受欢迎的。

3. 在主动与别人交流的过程中，尽量回避自己不懂或者是不感兴趣的话题。对一个自己不太明白的话题，似是而非、不明所以的表述只会让别人留下一个虚浮不踏实的印象，若是对方就这样的话题进行提问，会让自己陷入尴尬的境地。而自己不感兴趣的话题也应该避免，因为这意味着接下来的交谈自己完全不热心，那就不用指望对方会随着你的话兴奋起来。

4. 充实自己，提高自己的知识储备。只有多看书，多观察生活，关注时事，关注最新的信息，提高自己对生活的感受，才可以在交流中给人留下一个良好的印象。

四、小组讨论以下情境

周六，我高中的好朋友拜访我，我们同在一个城市，但不在同一个学校。他这次不是一个人来，还带来了他的女朋友。一开始我们坐在一起，交谈甚欢，很是愉快。这时，我的好朋友接了一个电话，临时决定要出去办点事情，他匆忙离去，留下我和他的女朋友坐在一起，气氛顿时有些尴尬，我该寻找什么样的话题，让交谈继续下去呢？

____

____

____

____。

知识点　　小测试

凡事沟通为先，养成主动沟通的习惯，这对于我来说，是一个非常不错的开始。接下来，我需要学习一些沟通的技能。比如，在不同的情况下，交谈中什么样的方式会更有利于沟通呢？让我们一起来看看下面的选项，在方框里标记，看看我们平时是怎样做的？思考有没有什么地方需要改进。

□ 在交谈中，我明白，听远比说更重要，当我和别人交谈的时候，我总是用心倾听，并及时回应。

□ 在交谈的时候总是真诚并尊重对方。

□ 在交谈中，愿意自我解嘲，并拿自己开无伤大雅的玩笑。

□ 在交谈中，愿意承认自己对有些事情的无知，而不是不懂装懂。

□ 认识新朋友的时候，在交谈中会主动介绍自己，并照顾到新朋友的感受。

□ 劝慰朋友的时候，不说怜悯的话，多说同情和鼓励的话。

□ 当别人做错事情的时候，能够忍住不说指责的话，也不说："你看，我早就知道会这样"类似先知的话，而是鼓励和提出改进的建议。

□ 面对愤怒，在交谈中能够不针锋相对，而是暂时回避，在对方冷静之后，再来交流。

□ 拒绝别人的要求时，在交谈中可以做到：态度温和却立场坚定。

□ 在交谈中，对别人无理的嘲笑和指责，能够冷静从容地面对，不带情绪地表达自己。

□ 解决矛盾时，在交谈中能够做到：不指责对方，不带情绪，只说事实，温和而坚定地表达自己的要求。

五、如果你遇到这样的事，会怎么办，请在小组里讨论

请你出主意

一个大一的新生，在宿舍里和一个舍友发生了不小的争执，他不喜欢对方的言谈举止，甚至发展到看到对方就觉得别扭。为了避免矛盾，他采取了回避的方法，每天早晨，都早早出门，每天晚上，熄灯了才回到宿舍。时间一长，新的困惑来了，他感觉到自己被整个宿舍排挤在外。有时，在宿舍门口，听到舍友们有说有笑，十分热闹，而当自己一推门进去，大家就都不说话了。一次他忍不住向一个舍友质疑："我一回来

你们就不说话了，是不是在议论我？”舍友惊讶地否认：“哪里的事，你学习那么刻苦，早出晚归，大家晚上照顾你早点休息啊！”他愣住了，是这样的吗？可是为什么自己会觉得那么孤独？

到底怎么做才能团结同学，怎样与舍友们做一次交谈，表达自己的真实感受，让自己融入集体？让我们为这个同学出个主意吧！

____

____

____

____。

知识点　　坚持沟通的习惯是最重要的

很多时候，我们会被固定的思维禁锢，我们太关注自己的情绪，常常变成了情绪的奴隶，而不是情绪的主人。正因为如此，我需要时刻提醒自己，遇到任何事情，首先想到的是主动沟通。在接下来的一个星期里，我要练习：不管发生什么样的事，首先都尽力去沟通。

六、完成以下一周记录表

我今天沟通了吗？（一周记录表）

周一：发生的事情，我的沟通：______________________

____

____

____。

还有可以改进的地方吗？______________________

____。

周二：发生的事情，我的沟通：______________________

____

____

________________________________。

还有可以改进的地方吗？____________________

________________________________。

周三：发生的事情，我的沟通：____________________

____

____

________________________________。

还有可以改进的地方吗？____________________

________________________________。

周四：发生的事情，我的沟通：____________________

____

____

________________________________。

还有可以改进的地方吗？____________________

________________________________。

周五：发生的事情，我的沟通：____________________

____

____

________________________________。

还有可以改进的地方吗？____________________

________________________________。

周六：发生的事情，我的沟通：____________________

____

____

______________________________。

还有可以改进的地方吗？______________________________

______________________________。

周日：发生的事情，我的沟通：______________________________

____

____

______________________________。

还有可以改进的地方吗？______________________________

______________________________。

回顾这一周，我体会到自己有一些小小的改变：

____

____

____

____

____

____

______________________________。

自我评估

1. 通过学习，我是否意识到了沟通的重要性，并决定凡事沟通为先？

2. 我是否愿意养成主动沟通的习惯，并在沟通中创造主动沟通的机会？

3. 在不同的情境下用不同的交谈方式，我学会了吗？

4. 坚持了一周的沟通训练，我有什么样的体会？

职业指导教师评价

<table>
<tr><td colspan="3">**评选活动之星了！**</td></tr>
<tr><td>是否为小组活动之星
是（　　）　否（　　）</td><td colspan="2">理由：

职业指导教师签名</td></tr>
<tr><td>是否为班级活动之星
是（　　）　否（　　）</td><td colspan="2">理由：

职业指导教师签名</td></tr>
<tr><td colspan="3">**评定成绩了！**</td></tr>
<tr><td>成绩评定</td><td>评定标准</td><td>备注</td></tr>
<tr><td>优秀（　　）</td><td>1. 配合完成练习以及一周沟通记录，完成率达到 95%以上；
2. 是小组活动之星；
3. 是班级活动之星；
4. 按照辅导员的要求完成日常行为规范。</td><td>第 2 和第 3 之中有其一</td></tr>
<tr><td>良好（　　）</td><td>1. 配合完成练习以及一周沟通记录，完成率达到 85%以上；
2. 按照辅导员的要求完成日常行为规范。</td><td></td></tr>
<tr><td>中等（　　）</td><td>1. 配合完成练习以及一周沟通记录，完成率达到 75%以上；
2. 按照辅导员的要求完成日常行为规范。</td><td></td></tr>
<tr><td>及格（　　）</td><td>1. 配合完成练习以及一周沟通记录，完成率达到 60%以上；
2. 按照辅导员的要求完成日常行为规范。</td><td></td></tr>
<tr><td>不及格（　　）</td><td>1. 配合完成练习及一周沟通记录，完成率未达到 60%；
2. 按照辅导员的要求完成日常行为规范。</td><td></td></tr>
<tr><td colspan="3">**职业指导教师评语**</td></tr>
<tr><td colspan="3">

职业指导教师签名：</td></tr>
</table>

老师寄语

1. 沟通对于我们，就好比阳光对于植物。

2. 不要假想别人应该理解你，也许，你可以清楚地告诉他，你是怎么想的。

3. 就算在争论中你赢了对方，那又怎样？你真的赢了吗？

4. 要学会说“不”，但是别板着脸说，你应该温和而坚定地说。

5. 有效的沟通取决于沟通者对对方充分的理解，而非措辞的悦耳动听。

6. 面对一个需要理解的人，洋洋洒洒的评论、建议从来都比不上安静耐心的倾听。

7. 好多的心事都不是从嘴里说出来的，而是从眼睛里流出来的。

8. 如果希望成为一个善于说话的人，那么首先必须成为一个善于倾听的人。

主题活动十一　倾听他人讲话　多种形式回应

◆ 了解倾听的层次
◆ 克服有效倾听障碍
◆ 改善倾听技巧，提升沟通效果

美国最有影响的人生导师卡耐基，一次到一个著名植物学家那里做客，整个晚上，植物学家都滔滔不绝地给卡耐基讲各种千奇百怪的植物。卡耐基对植物一窍不通，中间只是偶尔问一两句，几乎没有说什么话，但没想到分手时，植物学家紧握着卡耐基的手，兴奋地对卡耐基说："你是我遇到的最好的谈话专家。"

在社交过程中，最善于与人沟通的高手，是那些善于倾听的人。专心地听别人讲话，是你所能给予别人的最有效也是最好的赞美和尊敬。

任务

了解自己和他人的倾听类型

倾听的层次	解　　析
听而不闻	**背对背。**对方的话如同耳边风，完全没听进去。
假装在倾听（敷衍了事）	**A说，B想别的。**"嗯……哦……好好……哎……"略有反应，其实是心不在焉。
选择性的倾听	**A说，B听。**留心倾听自己有兴趣的部分，与自己意思相左的一概过滤掉。

续表

倾听的层次	解　　析
集中精力的倾听	**A、B 都用心。**能够全心全意地凝神倾听对方的话语内容，每句话或许都进入大脑，但是否都能听出说者的本意、真意，仍是值得怀疑，很难引起对方的共鸣。
设身处地的倾听	**心心相印。**能够设身处地倾听，放下自己的观点，感受对方的情感，进入他人的角度和心灵。这一层次的倾听，不仅要“耳到”，更要“口到”（声调）、“手到”（用肢体表达）、“眼到”（观察肢体）、“心到”（用心灵体会）。

探寻阻碍倾听的因素

这幅图片上的情形，似乎是我们生活或学习中某个时段、某个角落的写照。让我们身临其境，还原生活。

活动步骤：

1. 分组：两人一组，甲为讲述者，乙为倾听者。

2. 甲：选择一个你感到很幸福、快乐的话题，向你的同伴讲述，两分钟。

乙：当你的伙伴在讲述时，你用身体语言或打岔等表示你没有认真倾听对方讲话。

甲：在我讲述时，我观察到（发生了什么）：____________________

____

____。

我的感受是：______________________________

____。

乙：在我听他（她）讲述时，我（做了什么）：____________________

____

____；

我观察到他（她）（有什么反应）：____

____。

3. 继续完成上面的游戏，请甲同学继续完成讲述，乙同学在听讲时，用身体语言、应答或赞同等表现出你对对方的话非常有兴趣。

甲：跟上次相比，我的感受是____

____，

因为____

____

____。

乙：这次，我（做了什么样的改变）________________________________

____

____，

我观察到他（她）（有什么样的反应）：______________________________

____。

想一想：平时在家里、在学校，我还有：____________________________

____

____等

不良/良好的倾听行为，从这些倾听行为看，我是一个__________（好或不好）的倾听者。

小组合作，完成下列表格

	不良的倾听表现	良好的倾听表现
眼神		
表情		
动作		
言语		

约翰·狄格塔尼（John Digaetani）将不善倾听的人分为五类：

坐立不安者　追根寻源者

情感淡漠者　有耳无心者

断章取义者

动作解密：

摆出不同的倾听姿势，体会各种姿势表达的意思：

1. 整个人都坐在椅子里，身体后仰，头靠在椅背上。

   解密：“听你说话好累哦！”

2. 身子不停地转来转去或不停地变换站立姿势。

   解密：“你什么时候可以结束呀！”

3. 做自己的事情。

   解密：________________。

4. 双手交叉抱在胸前，脚无节奏地敲着地面。

   解密：________________。

5. 两腿交叉或脚翘起来，并不时地来回摇晃抖动。

   解密：________________。

6. 眼睛左顾右盼，张望窗外。

   解密：________________。

7. 手里一直在转笔。

   解密：________________。

8. 不停地看表或开始收拾桌上的东西。

   解密：________________。

9. 打哈欠，皱眉，叹气，伸懒腰。

   解密：________________。

10. 手指不停地敲打桌面或椅子扶手。

    解谜：________________。

要想真正做到有效倾听，就要先了解哪些障碍会干扰到倾听，进而找出解决的办法。影响倾听的因素很多，按其来源可以分为主观障碍和客观障碍。

怎样积极倾听?

国际倾听协会这样对倾听定义：倾听是接受口头及非语言信息、确定其含义和对此做出反应的过程。

倾听练习：提高倾听、回应、探查和鼓励的技能。

步骤：

1. 分小组：三人一组。
2. 甲：谈论个人的一个实际问题或困扰自己的事情；
   乙：倾听并给予回应；
   丙：观察，为乙提供指导，并为双方提供信息反馈（信息记录在下表）。
3. 20 分钟后，轮换角色，重复进行。

优点	缺点	改进意见
1.	1.	1.
2.	2.	2.
3.	3.	3.
4.	4.	4.
5.	5.	5.

小组同学评价

在以上倾听练习中，当我作为乙即倾听者时，甲同学（讲述者）和丙同学（观察者）的对我的评价是：

评价	甲	丙
优秀的倾听者	理由：	理由：
很好的倾听者	理由：	理由：
正在改进、尚算良好的倾听者	理由：	理由：
需要再改进的倾听者	理由：	理由：

自我评估

类别	问题	几乎都是	常常	偶尔	很少	几乎从不
态度	1. 我喜欢听别人说话吗？	5	4	3	2	1
	2. 我会鼓励别人说话吗？	5	4	3	2	1
	3. 我不喜欢的人在说话时，我也注意听吗？	5	4	3	2	1
	4. 无论说话人是男是女，年长年幼，我都注意听吗？	5	4	3	2	1
	5. 朋友、熟人、陌生人说话时，我都注意听吗？	5	4	3	2	1
行为	6. 我是否努力防止自己目中无人或者心不在焉？	5	4	3	2	1
	7. 我是否注视说话者？	5	4	3	2	1
	8. 我是否忽略足以使自己分心的事物？	5	4	3	2	1
	9. 我是否用微笑、点头以及其他不同的方法鼓励他人说话？	5	4	3	2	1
	10. 我是否深入考虑说话人所说的话？	5	4	3	2	1
	11. 我是否让说话者说完他的话？	5	4	3	2	1
	12. 我是否试着指出他为何说那些话？	5	4	3	2	1
	13. 我是否试着指出说话者所说的意思？	5	4	3	2	1
	14. 当说话者在犹豫时，我是否鼓励他继续说下去？	5	4	3	2	1
	15. 我是否重述他的话，弄清楚后再发问？	5	4	3	2	1
	16. 在说话者讲完前，我是否避免批评他？	5	4	3	2	1
	17. 无论说话者的态度和用词如何，我是否都注意倾听？	5	4	3	2	1
	18. 若我事先知道说话者要说什么，我也会注意听吗？	5	4	3	2	1
	19. 我是否询问说话者有关他所用词的意思？	5	4	3	2	1
	20. 为了请他更完整地解释他的意见，我是否询问？	5	4	3	2	1

将得分加起来，如果——

1. 90 分～100 分，我是一个优秀的倾听者。
2. 80 分～89 分，我是一个很好的倾听者。
3. 60 分～79 分，我是一个正在改进、尚算良好的倾听者。
4. 60 分以下，在有效倾听方面，我确实需要再改进。

职业指导教师评价

评选活动之星了！	
是否为小组活动之星 是（　　）　否（　　）	理由： 职业指导教师签名
是否为班级活动之星 是（　　）　否（　　）	理由： 职业指导教师签名

评定成绩了！

成绩评定	评定标准	备注
优秀（　　）	1. 按照五个行动的要求，完成率达到95%以上； 2. 是小组活动之星； 3. 是班级活动之星； 4. 按照辅导员的要求完成日常行为规范。	第2和第3之中有其一
良好（　　）	1. 按照五个行动的要求，完成率达到85%以上； 2. 按照辅导员的要求完成日常行为规范。	
中等（　　）	1. 按照五个行动的要求，完成率达到75%以上； 2. 按照辅导员的要求完成日常行为规范。	
及格（　　）	1. 按照五个行动的要求，完成率达到60%以上； 2. 按照辅导员的要求完成日常行为规范。	
不及格（　　）	1. 按照五个行动的要求，完成率未达到60%； 2. 按照辅导员的要求完成日常行为规范。	

职业指导教师评语

职业指导教师签名：

老师寄语

1. 谈话的艺术是听和被听的艺术。

2. 倾听作为人类学习的基本形态之一，其能力不是与生俱来的，而是需要专门的学习和训练。

3. 只愿说而不愿听，是贪婪的一种形式。

4. 我们倾听父母、爱人、挚友、上司甚至陌生人，那是一种享受，更是对他们爱的具体表现。

5. 没有回应，就是黑暗；有回应，就有了光。但准确而及时地回应别人，这是不容易做到的。

6. 倾听是一门重要但需要练习的“交流”技能。

7. 倾听他人，意味着放下已有的想法和判断，一心一意地体会他人。

8. 一颗灵魂可以在倾听中发现、欣赏和拥有另一颗灵魂的快乐，也可以在倾听中感悟、理解和体会另一颗灵魂的痛苦。

9. 倾听“五心”：诚心、专心、用心、耐心、应心（给予适时的回应）。

10. “锣鼓听声，说话听音”。倾听时不仅听对方说话的内容，还要捕捉言外之意、弦外之音。

11. 认真倾听别人的倾诉虽是细枝末节，但却体现了你的教养和素质。

12. 有一种温暖，有一种关爱，可以在倾听中慢慢融化，可以在倾听中渐渐升华。

13. 生命将因为你的倾听而更加完美，生命将也因为你的倾听而更加丰润。

主题活动十二　把握对方需求

围绕主题说明

◆ 提高说服沟通能力

◆ 提升双赢的意识

◆ 了解日常生活中的说服技巧

沟通的技巧

1. 站在对方的立场

只有考虑对方的立场，才会有积极的互动。

2. 通过赞扬调动热情

赞扬别人可以获得友好的回报，一味指责与批评，是不可能有良好沟通的。

3. 以真心打动别人

真诚的态度是沟通的前提。没有诚意，谁也不愿与你沟通。

4. 忍一时风平浪静

当别人与自己的意见或看法相左，你又据理力争时，往往会激起对方的逆反情绪，使争论逐渐偏离谈话的初衷，而转向对个人的攻击。在出现类似的情况时，高明的方法应该是克己忍让，以柔克刚，用事实来“表白”自己。

5. 共同意识的作用

求同存异，缩短与对方的心理差距，进而达到说服的目的。

6. 注意说服时的语言艺术

适当点缀些俏皮话、笑话、歇后语，在说服的过程中，使对话的气氛变得轻松些，这样往往会取得良好的效果。

7. 自责的作用

没有人会对一个已经做过自我检讨的人再横加指责，而你的这种“自责”也是谦虚的一种表现。

8. 顾全别人的面子

知识点 **这样帮助他人**

有一次，英国著名诗人拜伦在街上散步，看见一位盲人身前挂着一块牌子，上面写着："自幼失明，沿街乞讨。"可是路人都好像没看见一样匆匆而过，很长时间，盲人手中乞讨用的破盆子里还是没有一毛钱。拜伦走上前去，在盲人的牌子上加了一句话："春天来了，我却看不见她"。一句话激起了人们的同情心，过路人纷纷伸出援助的手。

行动

活动1：组织一次校园爱心义卖活动：说服朋友参与这次活动

为了让朋友参与这次由你发起的校园爱心活动，你需作动员和洽谈的地方有很多，比如动员同学朋友参加这次活动，说服企业给予帮助，说服学校领导给予支持，在义卖中，说服顾客购买商品。

（请运用本节学习的说服技巧在活动中实践。）

你的体验是：

____

____

____。

活动2：分析《战国策》下面这个故事中触龙是怎样成功说服赵太后，让其改变主意，把长安君送到齐国做人质的

触龙说赵太后

战国时期，赵国的太后刚刚执政，秦国趁机攻打赵国，形势非常危急。赵国向盟友齐国求救，齐国答应出兵支援，但有个条件，就是要求长安君到齐国做人质。长安君是赵太后最疼爱的小儿子，做人质要寄人篱下，在那个动荡战乱的年代，人质的性命常常很难保证。所以对于齐国的要求，赵太后断然拒绝。

赵国的大臣们都十分着急，纷纷劝说太后答应齐国的条件，太后非常生气，宣下旨意："谁再来劝我让长安君去做齐国的人质，我就啐他一脸。"大家一听，都不敢再开口了。

秦国的进攻日益加紧，赵国安全危在旦夕，老臣触龙看在眼里，十分忧虑，决定冒险再劝一次太后。太后听说后，怒气冲冲地在大殿等他。

触龙故意小步缓慢地走上殿堂，先谢罪说："老臣的脚有毛病，不能快走，非常失礼。很久没有来拜见太后您了，担心您的身体，今天特来问候！"

看到触龙老态龙钟的样子，太后不忍苦着脸，跟着感慨道："我现在进出也要靠车子才行了，我们都老喽！"

"那吃饭还好吗？"触龙很关切地问。

"只能喝些稀粥，成天这么多的烦心事，哪里有胃口啊！"

"我的胃口也不好，但我还坚持散散步，每天走二三里路，增加点食欲。"

"唉，我可做不到。"太后叹了口气，脸色好多了，先前的怒气基本看不到了。

这时触龙用恳求的语调说："太后，老臣有个儿子，排行最小，不成材，但老臣很喜欢他，老臣想请求您让他当一名侍卫，也算为国家出些力。"

"好啊，他几岁啦？"

"15 岁，虽然还不大，但我想趁我活着的时候先安排好。"

"哈哈，原来您也疼爱自己的小儿子。"太后笑了。

"当然，我喜欢这个小儿子比他妈妈还多呢。没办法，可怜天下父母心嘛。"

太后很开心，谈话的气氛越发缓和了。

这时，触龙趁机说："老臣认为太后疼爱女儿燕后比长安君要多。"

"这怎么可能？"太后睁大了眼睛。

触龙很感慨地说："父母疼爱儿女，总是替他们做长远的打算。当年你送燕后远嫁外地，她也哭个不停，不愿意远离家乡；出嫁后，您非常想念她，但每次祭祀时总是祈祷她不要回国，好好当她的王后。这不是替她做长远打算，让她的子孙世代继承王位吗？"

"是啊！"太后点头说。

触龙进一步说："您想过没有，三代以前，甚至赵国的开国重臣，现在子还封侯的还有吗？"

"没有了。"太后想了一下说。

"是那些封侯人的子孙都不好吗，没有能力吗？不是的。关键是他们没有功劳。没有功绩却享受很高的俸禄，有很高的地位，时间长了就难服众啦。现在你宠爱长安君，可以提高他的地位，赐予他土地与财宝，可你不让他为国立功，您百年之后，长安君凭什么服众呢？所以我认为您没有替长安君长远打算，说您对他的爱不如对燕后的爱。"

一席话，让赵太后醒悟了，她改变了想法，同意长安君到齐国为人质，让他为解决赵国的危机出力。齐国很快出兵，击退了秦军，赵国平安了。

请回答：

1. 触龙的说服和大臣们在方法上有什么不一样：

____

____

____

____

______________________________。

2. 触龙在说服赵太后时经历了哪三个层次的递进：

____

____

____

____

______________________________。

3. 触龙运用了我们提到的哪些说服技巧：

____

____

____

____

______________________________。

自我评估

现在请你通过下面的练习检查一下自己的说服力。

1. 回顾自己平时在与人沟通交流过程中是属于：

A（　　）主动说服对方接受自己的观点

B（　　）被动接受对方的观点

2. 这个暑假，已经年满 20 岁的你很想拥有一次只属于自己的旅行，独自一人周游心中梦想的天堂，但是父母担心你只身在外不安全等问题，不同意你独自旅游的计划，为了打消父母的顾虑，你打算如何运用本节中提到的说服技巧，说服父母同意这次旅行。

邀请同学扮演你的父母，而你通过与他们的沟通，尽量说服他们同意你的这次旅行。

思考：在你说服父母的过程中，他们提出了哪些顾虑和问题？

____

____。

你是如何应对父母提出劝阻你独自旅行的各种问题，最后有没有成功说服父母同意你的这次计划，请简单总结如下：

____

____。

要说服对方，首先要考虑“双赢”的问题，在这个事例中，你认为父母和你“双赢”的点在哪里？

____

____。

回顾刚刚说服父母的过程，对照本节讲到的说服技巧，看看你用了哪几种？

____

____。

职业指导教师评价

评选活动之星了！

是否为小组活动之星 是（　　）　否（　　）	理由： 职业指导教师签名
是否为班级活动之星 是（　　）　否（　　）	理由： 职业指导教师签名

评定成绩了！

成绩评定	评定标准	备注
优秀（　　）	1. 按照行动中两个活动要求，完成率达到 95%以上； 2. 是小组活动之星； 3. 是班级活动之星； 4. 按照辅导员的要求对照自己在日常行为中是否是一个具备说服力的人。	第 2 和第 3 之中有其一
良好（　　）	1. 按照行动中两个活动要求，完成率达到 85%以上； 2. 按照辅导员的要求对照自己在日常行为中是否是一个具备说服力的人。	
中等（　　）	1. 按照行动中两个活动要求，完成率达到 75%以上； 2. 按照辅导员的要求对照自己在日常行为中是否是一个具备说服力的人。	
及格（　　）	1. 按照行动中两个活动要求，完成率达到 60%以上； 2. 按照辅导员的要求对照自己在日常行为中是否是一个具备说服力的人。	
不及格（　　）	1. 按照行动中两个活动要求，完成率未达到 60%； 2. 按照辅导员的要求对照自己在日常行为中是否是一个具备说服力的人。	

职业指导教师评语

职业指导教师签名：

老师寄语

一、智者会听

1. 会说话的人，必也懂得听话。

2. 笨拙的沟通者总是喋喋不休。

二、晕轮效应

1. 记住，第一次的印象、服饰、仪容、态度已决定你未来的命运。

2. 有气质、注重仪容的人，易让人产生好感。

三、态度决定一切

1. 用正视来表达尊重，用微笑来表达友善，用点头来表示肯定。

2. 养成好的态度，自然就容易建立好的人际关系。

四、嘴和心还有一段距离

1. 我们沟通得有多好，不在乎我们对事物诉说得有多好，而是决定于我们被了解得有多好，产生的效应有多好。

2. 真心和诚意，别人最容易感受到。

五、影响

1. 要影响一个人的行为，秘诀在于了解他的需要，并协助他达成。

2. 把你的需要与别人的需要结合起来，那就是双赢。

六、纠正

1. 在纠正一个人之前，先试着去寻找可以赞扬他的事情，这样，他将比较乐意接受你的纠正。

2. 纠正的目的是让其更好地工作。

七、赞赏

1. 要在工人的汗水还在额头上的时候，就给他们提供赞赏。

2. 用人的真谛在于如何引导他们的努力，并适时地加以真诚的赞赏。

八、激将法

1. 每个人的潜能，只要激发得当，产生的力量是可观的。

2. 人的自尊心是一种可贵的精神能源，但有时候受到自我压抑，有时不能通过正面激励加以激发。领导者要正确运用激将法，使其充分发挥。

九、忍让

处处迁就是不负责任的表现，得理不让人更不能解决问题。

十、易位

1. 学会易位考虑，站在对方的角度上考虑，会更好地解决问题。

2. 经常扮演成功者的角色，有一天你会成功。

主题活动十三　积极察言观色 辨明语义态度

◆ 了解什么是非语言沟通

非语言沟通是相对于语言沟通而言的，是指通过身体动作、体态、语气语调、空间距离等方式交流信息、进行沟通的过程。沟通信息只有7%来自语言，其他全部来自非语言，非语言包括：

基本类型	解析和例子
身体动作	手势、面部表情、眼神、触摸等
个人身体特征	体型、体格、姿势、体味、气味、高度、体重、头发颜色及肤色等
副语言	音质、音量、语速、语调、大笑或打哈欠等
空间利用	人们利用和理解空间的方式，包括座位的布置、谈话的距离等
时间安排	迟到或早到、让他人等候、文化差异对时间的不同理解等
物理环境	大楼及房间的构造、家具和其他摆设、内部装潢、整洁度、光线及噪音等

◆ 了解自己和他人的非语言

◆ 主动塑造自己的非语言形象

行动

了解自己和他人的非语言信息

一、“距离产生美”

你上课坐在哪里？上喜欢的课时你坐哪里？和别人说话时，你注意到人际距离了吗？（亲密距离：一般在 0～0.5m 之间；私人距离：一般在 0.5～1.2m 之间；社交距离：一般在 1.2～3.5m 之间；公众距离：一般在 3.5m 以上）

二、理解以下几种表情的含义

请同桌猜自己要表达的情绪：

三、不同的语气表达不同的意思

请同桌体会你用不同的重音表达出的意思：

例：我会和你去

（1）我会和你去。

（2）我会和你去。

（3）我会和你去的。

（4）我会和你去。

（5）我会和你去的。

四、头部姿势表达的含义

体会以下姿势表达的意思：

1. 侧向一旁——说明对谈话有兴趣。
2. 挺得笔直（抬头姿势）——说明对谈判和对话人持中立态度。
3. 低头——说明对对方的谈话不感兴趣或持否定态度。

五、手掌的姿势表达的含义

体会其中的力量：

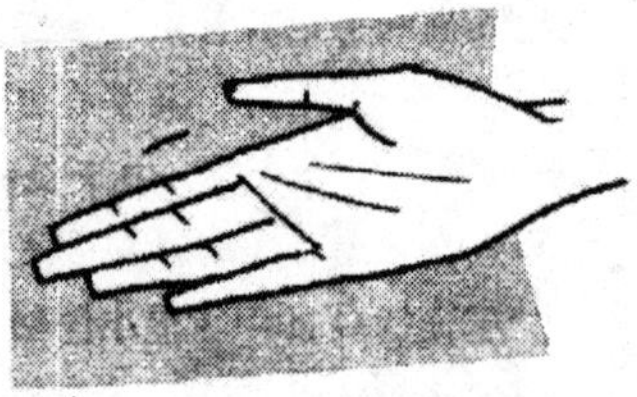

手心向上=无恶意

手心朝下=权威性

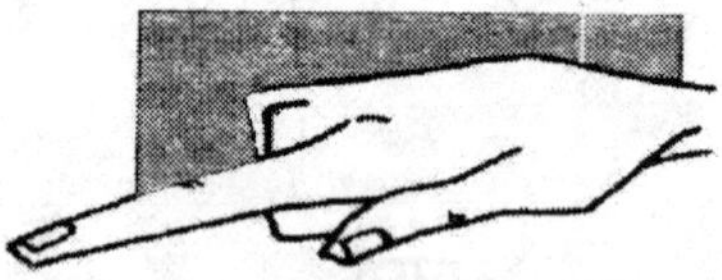

伸出的手指=“立刻照做，不然试试看”

六、认识手势

小组内讨论这些手势表达的含义：

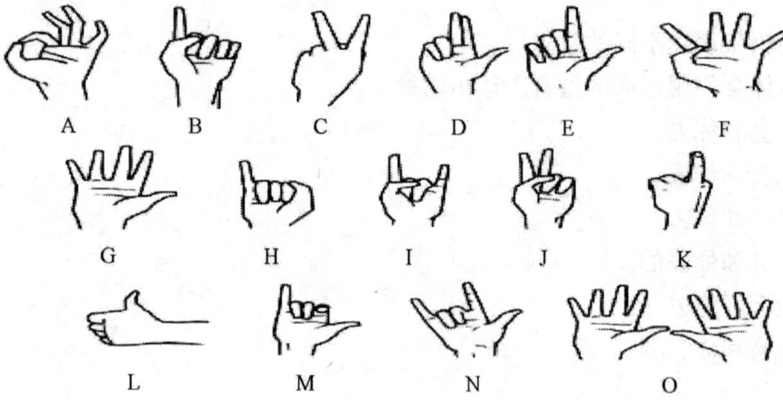

七、握手所表达的含义

和全班人握手，体会不同的握手方式传递的信息：

掌握控制权

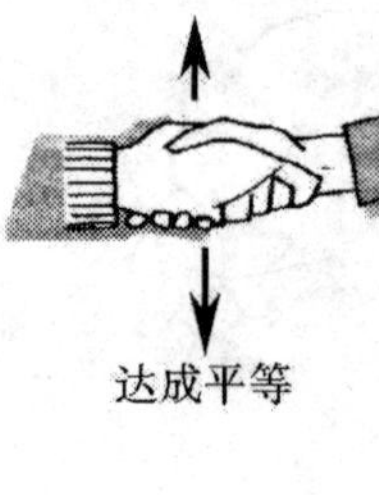

达成平等

恭顺的握手

第一种：________________

第二种：________________

第三种：________________

八、连连看

和同学用不同的颜色连线，看看是否一致？

1. 拍手	愤怒
捶胸	悲伤
挥拳	急躁
手相握	愤怒
摊开手	尴尬、为难、不好意思
手挠后脑勺	真诚、坦然、无可奈何
双手叉腰	挑战、示威、自豪
2. 点头	同意
摇头	沮丧
昂首	不服
垂头	否定
侧看	骄傲
3. 两腿分开	正经、严肃和拘谨
两腿合拢	害羞、胆怯或不热情、不融洽
双腿交叉	稳定和自信

九、穿衣打扮有学问

请你实事求是地分析同桌在衣着打扮方面的优点和缺点，并提出改进的意见。

优点	缺点	改进意见
1.	1.	1.
2.	2.	2.
3.	3.	3.
4.	4.	4.
5.	5.	5.

十、细节决定成败

让自己每天都练习以下部分：

脸：干净、整洁、微笑、精神饱满。

手：手势不要过多。手指并拢，高度不要超过下巴。

脚：避免双臂或双脚的交叉动作。

眼睛：每天早晨对着镜子说：我喜欢自己！

头：点头的次数最好是3的倍数。倾听时最好倾斜。保持抬头的姿势。

体态：倾听时略前倾；说时挺起胸。

私人空间：注意调整与他人的距离，使自己与他人舒适。

镜子法则：发现对方的肢体动作，做出与他对称的动作。

提高自身对非语言信息的敏感度：看看行为与自己的角色相符吗？

多观察：多模仿你喜欢的人和对你帮助过的人。

自我评估

一、学习沟通

和同桌聊一件近期发生的开心事，一人讲述，另一人听，注意用肢体语言响应：保持目光接触，表现出有兴趣的样子，点头、身体向前倾、面孔朝着说话者，身体放松。

你的感受是：

____

____

二、非语言沟通的形式

如果有这些非语言表现，就不会讨人喜欢：

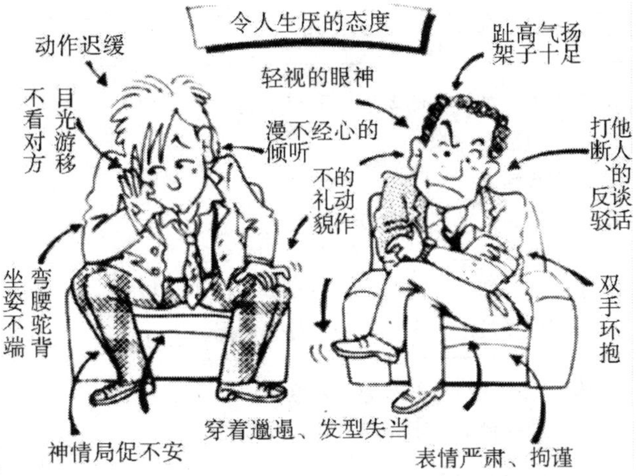

容易讨人喜欢的表现：

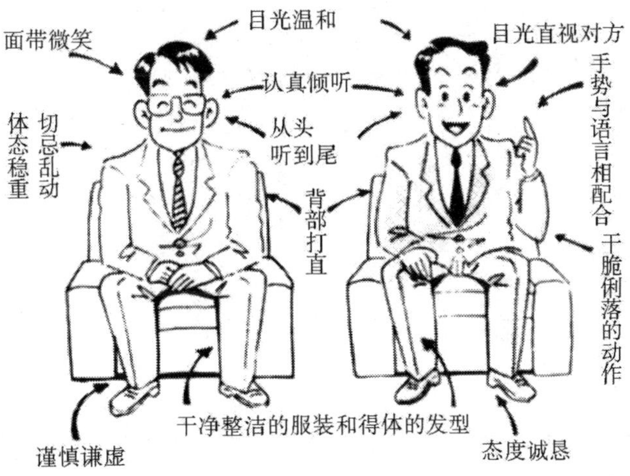

职业指导教师评价

评选活动之星了!	
是否为小组活动之星 是（　　）　否（　　）	理由： 职业指导教师签名
是否为班级活动之星 是（　　）　否（　　）	理由： 职业指导教师签名

评定成绩了!

成绩评定	评定标准	备注
优秀（　　）	1. 按照练习和行动的要求，完成率达到95%以上； 2. 是小组活动之星； 3. 是班级活动之星； 4. 按照辅导员的要求完成日常行为规范。	第2和第3之中有其一
良好（　　）	1. 按照练习和行动的要求，完成率达到85%以上； 2. 按照辅导员的要求完成日常行为规范。	
中等（　　）	1. 按照练习和行动的要求，完成率达到75%以上； 2. 按照辅导员的要求完成日常行为规范。	
及格（　　）	1. 按照练习和行动的要求，完成率达到60%以上； 2. 按照辅导员的要求完成日常行为规范。	
不及格（　　）	1. 按照练习和行动的要求，完成率未达到60%； 2. 按照辅导员的要求完成日常行为规范。	

职业指导教师评语

职业指导教师签名：

老师寄语

1. 积极的心态产生积极的肢体语言，积极的肢体语言会带来积极的心态。

2. 消极的心态产生消极的肢体语言，消极的肢体语言会带来消极的心态。

3. 你的姿势反映你内心对自己的想法，同时可以显示你对别人的态度。

主题活动十四　把握沟通环节访谈步步深入

◆ 了解访谈的准备环节
◆ 了解微笑在交流中的重要性
◆ 学习正确握手的技巧
◆ 学会真诚赞美别人

行动

一、分析下面案例并回答问题

她为什么不受欢迎

小丽是某大学的实习生，在北京实习推销产品。她去拜访一家公司的老总，因老总接待的人较多，小丽在大厅等待的时间里抽空学起了外语。突然轮到小丽了，她急急忙忙走到了老总办公室，就在此时，一下子想不起公司的名字，不由得问了一句："你这是什么公司呀？"老总听了以后很生气，毫不客气地对小丽说："你连公司的名字都不知道，你来做什么？请你出去！"小丽哭着走出了老总办公室，情绪久久无法平静。

看了这个案例，我知道了在拜访前应该：________________________

____

____

知识点

在访谈前，我应该深入了解对方的基本信息，特别是对方比较明显的业绩、成就。把这些资料作为我在沟通过程中需要的主要素材。也可通过他人对被访谈者进行了解，加深对被访谈者的认识。

二、练习微笑，让同桌看自己的微笑，并讨论感受

训练微笑

微笑是世界上最美的行为语言，虽然无声，但最能打动人，微笑也是人际关系的“润滑剂”，能很好地拉近人与人之间的心理距离。然而，微笑并不是天生的，它同样可以经过后天训练获得，让微笑变得迷人。

方法/步骤：

放松面部肌肉，使嘴角微微向上翘起，让嘴唇略微呈弧形。最后，不牵动鼻子，不发出声音，不漏出牙齿，轻轻地一笑。

闭上眼睛，调动感情，并发挥想象力，回忆美好的过去或展望美好的未来，使微笑源自内心，有感而发。

坚持对着镜子练习，使眼睛、面部肌肉、口型等和谐自然。

当众练习，使微笑大方，自然，克服羞怯和胆怯心理。让同学们加以评判并及时改进。

1.

2.

知识点　　　　用甜蜜的微笑开启双方沟通的大门

见到对方后以微笑开始，天下没有人不喜欢微笑的，然而不是每个人都会微笑。因为具有感染力的微笑，能使对方感受这种微笑是深入人心的，是甜蜜的、纯真的、友好的。并能使对方以微笑给予反馈，以微笑开启双方沟通的大门。

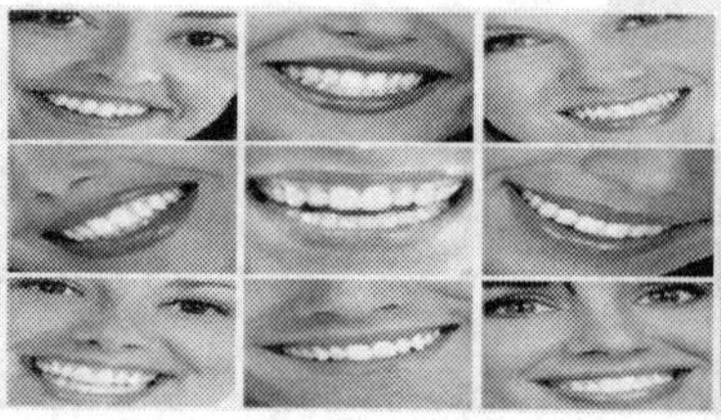

三、完成以下微笑记录表

我决定每天面对镜子微笑，不间断地坚持 21 天，请大家监督！

第一天□	第二天□	第三天□	第四天□
第五天□	第六天□	第七天□	第八天□
第九天□	第十天□	第十一天□	第十二天□
第十三天□	第十四天□	第十五天□	第十六天□
第十七天□	第十八天□	第十九天□	第二十天□
第二十一天□			

四、分组练习握手的基本要领，并完成以下的进步记录表

握手时我做到了以下几条中的哪几条？我准备用一个星期的时间来改正和养成正确的握手方式。（我做到了就打上“√”）

□ 第一条　握手时是否面带笑意，注视对方双眼，神情亲切、友好。

□ 第二条　握手时是否起身站立，以示对对方的尊重。

□ 第三条　双方是否相向而立，距离 1 米左右，上身微微前倾，右手四指并拢，大拇指伸出，大方地用右手手掌和手指握住对方的手掌。

□ 第四条　握手持续时间通常是 1 秒至 3 秒，适度用力。

□ 第五条　握手时没有东张西望，或忙于跟其他人打招呼。

□ 第六条　伸出的手是干净温暖的，而不是又湿又冷的。

□ 第七条　在公务、商务等正式场合，握手时的先后顺序会根据在场人的职位、身份来决定。

□ 第八条　在社交、休闲场合，握手时的先后顺序会根据在场人的年龄、性别、婚否来决定。

知识点

用握手传递一种温暖的心情。双方见面通过握手可以传达一种“见到你很荣幸”的意思，通过握手传达友好的心情。握手是最为通行的见面礼节。通过握手可以使两个陌生人更亲近，原本对面不相识的人，会因为握手这个动作，成为要好的工作伙伴。

五、学习用真诚的赞美慷慨大方地欣赏对方，和同桌一起熟悉以下赞美别人的语言，并讨论感受

□ 你是这方面的专家，请帮我们讲解一下。
□ 你衣服的颜色很不错，看起来很清纯。
□ 你在这方面很有经验，请传授一下你的经验。
□ 发现你对美食很有研究。
□ 离了你项目就没办法开展了。
□ 没有你肯定不行。
□ 你的身材很有型。
□ 你的发型很漂亮。
□ 你很在行，帮我们介绍一下。
□ 我觉得我们很有缘，想和你交朋友。
□ 你对这很有感觉。
□ 你很有气质。
□ 你这几天看起来很精神！
□ 你是我的依靠，你是我的肩膀。
□ 你是我们的催化剂。
□ 你在这方面很有潜力。
□ 你在这方面是“大牛”。
□ 请你审查一下。
□ 请你指导一下。
□ 我以后就靠你了。
□ 你很善良、纯真，充满了智慧与热情。
□ 你有思想、有深度。

□ 你是我跑遍了半个地球，好不容易才发现的人才。
□ 你有抱负、有理想。
□ 你很聪明的，懂很多东西。
□ 你很博学，常让人感到在你面前自己变得好渺小……

知识点

人的天性渴望被赞美，世界上迄今为止还没有发现不喜欢别人赞美的人。在交谈中发现机会，很好地运用赞美对方的技巧，就能很快获得对方的好感。我想，赞美如果恰到好处，表达的就是一种真诚，而不是故意讨好。

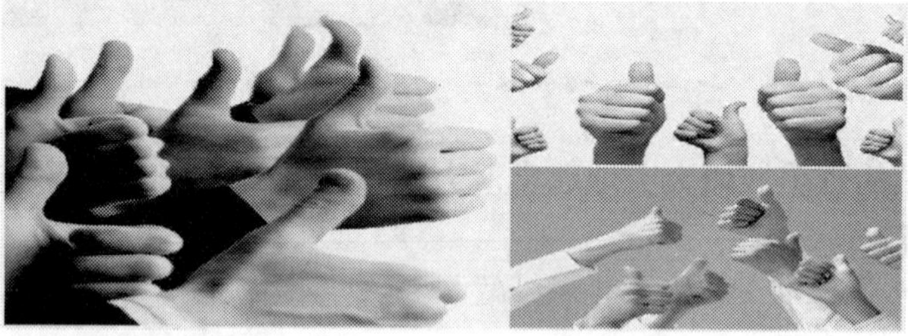

六、了解语言的魅力，阅读《语言的突破》，并完成阅读记录表

《语言的突破》是卡耐基的第一本书，也是一本教你如何有效说话的书。为了自己的语言有所突破，我准备从今天起、认真阅读卡耐基的《语言的突破》并加以练习，历时五个星期的时间完成。为了更好地实现我的目标，我做了计划。请大家监督！

□ 第一个星期：____月____日—月____日
阅读并练习：第一章　运用语言的力量
□ 第二个星期：____月____日—月____日
阅读并练习：第二章　说服的技巧
□ 第三个星期：____月____日—月____日
阅读并练习：第三章　怎样使别人喜欢你
□ 第四个星期：____月____日—月____日
阅读并练习：第四章　赢得友谊的方式
□ 第五个星期：____月____日—月____日
阅读并练习：第五章　如何纠正别人的错误

知识点

谈话中沟通的效果，取决于语言的魅力，语言魅力不仅需要丰富的知识，还需要言辞表达的技巧，如语速、音量、抑扬顿挫。可以说，语言的魅力是知识与言辞表达的有机统一。

自我评估

1. 通过五个步骤的练习，我是否实现了我的目标？

2. 微笑坚持 21 天了吗？怎么改进？

3. 握手的方式是否正确了？怎么改进？

4. 我是否经常使用赞美的语言？怎么改进？

5. 我是否阅读完卡耐基的《语言的突破》？有哪些收获？

职业指导教师评价

<table>
<tr><td colspan="3">评选活动之星了！</td></tr>
<tr><td>是否为小组活动之星
是（　　）　否（　　）</td><td colspan="2">理由：

职业指导教师签名</td></tr>
<tr><td>是否为班级活动之星
是（　　）　否（　　）</td><td colspan="2">理由：

职业指导教师签名</td></tr>
<tr><td colspan="3">评定成绩了！</td></tr>
<tr><td>成绩评定</td><td>评定标准</td><td>备注</td></tr>
<tr><td>优秀（　　）</td><td>1. 按照五个行动的要求，完成率达到95%以上；
2. 是小组活动之星；
3. 是班级活动之星；
4. 按照辅导员的要求完成日常行为规范。</td><td>第2和第3之中有其一</td></tr>
<tr><td>良好（　　）</td><td>1. 按照五个行动的要求，完成率达到85%以上；
2. 按照辅导员的要求完成日常行为规范。</td><td></td></tr>
<tr><td>中等（　　）</td><td>1. 按照五个行动的要求，完成率达到75%以上；
2. 按照辅导员的要求完成日常行为规范。</td><td></td></tr>
<tr><td>及格（　　）</td><td>1. 按照五个行动的要求，完成率达到60%以上；
2. 按照辅导员的要求完成日常行为规范。</td><td></td></tr>
<tr><td>不及格（　　）</td><td>1. 按照五个行动的要求，完成率未达到60%；
2. 没有按照辅导员的要求完成日常行为规范。</td><td></td></tr>
<tr><td colspan="3">职业指导教师评语</td></tr>
<tr><td colspan="3">

职业指导教师签名：</td></tr>
</table>

老师寄语

1. 记住人家的名字，而且轻易地叫出来，等于给别人一个巧妙而有效的赞美。

2. 微笑会使对方富有，但不会使你变穷。

3. 人们依据你的微笑来获取对你的印象，从而决定你要办的事的态度。

4. 无论做什么工作，把微笑演绎成一种工作态度。

5. 赞美对于赞美者来说，是一种给予。

6. 语言的魅力来自表达者的人格魅力。

7. 任何人都需要与人沟通，以实现合作并跟更多的人打交道！

主题活动十五　把握演讲方式 语言规范得当

- ◆ 掌握演讲的基本知识
- ◆ 训练积极的心态
- ◆ 学习演讲中的手势与表情
- ◆ 消除演讲中紧张的心态
- ◆ 完成一场完整的演讲

行动

一、让我们聊一聊古今中外名人演讲的那些事

美国前总统林肯为了练口才，徒步 30 英里，到一个法院去听律师们的辩护词，看他们如何论辩，如何做手势，他一边倾听，一边模仿。他听到那些云游八方的福音传教士挥舞手臂、声震长空的布道，回来后也学他们的样子练习。他曾对着树、树桩、成行的玉米练习口才。

举世闻名的古希腊大演讲家苏格拉底曾经是个“结巴”，为了苦练口才，他曾嘴含石头训练，冬练三九，夏练三伏，每日不辍，苦心人，天不负，苏格拉底终于练就了三寸不烂之舌，成为一位叱咤风云的演说家。

我国著名的数学家华罗庚，不仅有超群的数学才华，而且也是一位不可多得的“辩才”。他从小就注意培养自己的口才，学习普通话，他还背了四五百首唐诗，以此来锻炼自己的“口舌”。

湖南卫视著名主持人谢娜在成都上学时，因为普通话不标准，被同学嘲笑，就每天跑到学校后面的小山坡，念绕口令之类的，那边还有个放牛娃陪谢娜用普通话对话，那段时间，她尽量多地跟人用普通话对话，包括和父母打电话。最终的结果是，功夫不负有心人，练就了一口标准的普通话和机智的主持才能。

知识点　　**什么是演讲?**

演讲又叫讲演或演说，是指在公众场所，以有声语言为主要手段，以体态语言为辅助手段，针对某个具体问题，鲜明、完整地发表自己的见解和主张，阐明事理或抒发情感，进行宣传鼓动的一种语言交际活动。

讲是说，演是表达，肢体语言+表情，简单地说，演讲就是运用肢体语言和表情，用说话的方式生动地表达。

演讲“三要点”：

规范的语言（标准的普通话和规范的用语）、适当的语音（清晰的语音，保证每一位听众能听清楚内容）、变化的语调（跌宕起伏的语调让听众跟着演讲者的思路和情绪走）。

二、积极心态训练

1. 自我暗示：每天清晨默念10遍“我一定要最大胆地发言，我一定要最大声地说话，我一定要最流畅地演讲。我一定行！今天一定是幸福快乐的一天!”（平常也自我暗示，默念或写出来，至少10遍。）

2. 想象训练：至少5分钟，想象自己在公众场合成功的演讲，想象自己成功。

3. 至少5分钟，在镜前学习微笑，展示自己的手势及形态。

三、口才锻炼

（一）每天至少5分钟深呼吸训练。

（二）抓住一切机会讲话，锻炼口才（以下5条中每天至少做到3条）。

1. 每天至少与3个人有意识地交流思想。

2. 每天大声朗诵或大声讲话至少5分钟。

3. 每天训练自己“三分钟演讲”一次或“三分钟默讲”一次。

4. 每天给同学或老师至少讲一个故事或完整叙述一件事情。

5. 注意讲话时配合手势和表情。

四、以下这些事能做到吗？做到了就在前面的□里打√。

□ 1. 自己找一面镜子，练习一些基本的演讲动作，先让自己不感到羞怯，才能在大庭广众之下不拘束。

□ 2. 快速阅读，不需要增加感情。

找几个完整的演讲稿，照着演讲稿大声、快速地读出来，不要有停顿，即使有错误也要掠过，不要停。就这样不停地练习，直到读这篇演讲稿的时候不会出现一点错误。

□ 3. 有感情的诵读。

打开录音笔或者手机录音，照着演讲稿有感情地朗读，注意要把前面的镜子当成是很多的观众来演讲。不要像小学生读课文一样死板，这里所讲的感情是那种收放自如的感觉。像讲故事一样能够让你的听众对其感兴趣。切记，不要照着所谓名人的演讲一味地模仿。

五、了解演讲中会使用到的手势和表情，并分组自主练习

演讲的手势与表情

1. 鼓励的手势和表情：

2. 号召的手势和表情：手向上、向前、向内往往表达希望、成功、肯定等积极意义的内容。

3. 鄙视的手势和表情（手向下、向后、向外，往往表达批判、蔑视、否定等消极意义的内容。用于负面的案例，手臂低于腰间，也可指尖向下，表情配以鄙视、凝重）：

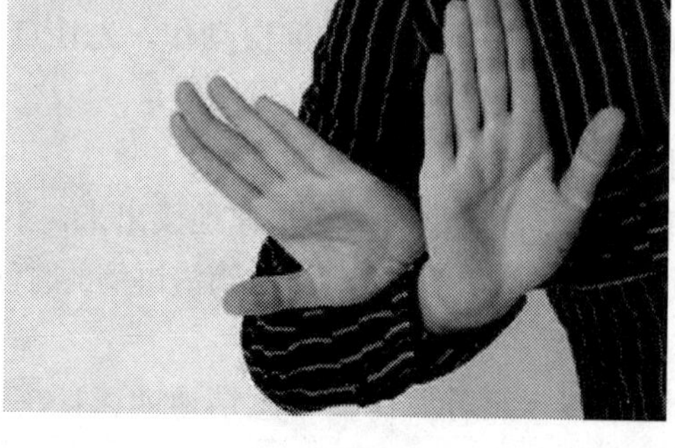

知识点

如空中劈掌表示“坚决果断”，手指微摇表示“蔑视”或“无所谓”，双手摊开表示“无可奈何”。右手紧握拳头从上劈下表达愤慨、决心。

讲话的手势大有讲究，但不是刻意“设计”出来的，而是在演讲台上，随着演说的内容、听众的情绪、场上的气氛，在演讲者情感的支配下，自然而然地呼应出来的。至于选择单式手势还是复式手势，则要看内容的要求，会场的大小，听众的多少，表情达意的强弱而定。

六、分组练习以下的辅助训练，并讨论交流感受

辅助锻炼

1. 每天至少 20 分钟阅读励志书籍或口才书籍，培养自己积极心态，学习一些技巧。

2. 每天放声大笑 10 次，乐观面对生活，放松情绪。

3. 训练接受他人的视线、目光，培养自信和观察能力。

4. 培养微笑的习惯，要笑得灿烂、笑得真诚，锻炼亲和力。

5. 学会检讨，每天总结得与失，写心得体会。每周要全面总结成效及不足，并确定下周的目标。

6. 多听多学习好的演讲，注意运用好的技巧，找到适合自己的演讲方式。

七、分组练习以下方法，学会缓解演讲中的紧张情绪

1. 142 深呼吸法：“142”讲的是时间，吸气用一个单位的时间，屏气用四个单位的时间，吐气再用两个单位的时间，这个深呼吸方式，就叫“142”深呼吸法，一般一个单位时间为一秒钟。用这种方式，一般都能很好地克服紧张情绪。

2. 转移注意力法：进行口腔运动，放松面部肌肉。可以进行搓搓脸、左右撅唇、转唇、双唇打响、弹唇、左右顶腮、转舌、张嘴打嘟、做鬼脸等一系列口腔运动，来转移自己的注意力，从而突破自己的紧张感。

3. 手捏一个小东西，释放压力：很多时候紧张无法平静下来，是因为没有地方去释放自己的这种紧张压力，所以如果上台前实在紧张，也可以尝试在手中捏一个小物品，当自己很紧张时，就用力捏它，把自己的压力全都释放掉。

4. 做好充分的准备：练习练习再练习、准备准备再准备，上台前熟悉演讲内容，即便是一开始紧张，演讲一会儿就不紧张啦！

5. 找支持的眼光：当我们站在台上演讲时，总会有一些支持的眼光和不支持的眼光，这时如果我们感觉内心紧张，就去多看看支持我们的眼光，看着他们对自己那种支持的眼光，可想而知自己讲得不错，于是就越讲越有劲，结果真的比预想的讲得好。

6. 适当提高音量：在公众演讲过程中，适当提高自己说话的音量，也能在一定程度上克服自己的紧张感。

八、在班上举行一次演讲比赛

演讲比赛可先分小组举行，小组前 3 名推荐参加班级演讲比赛，班级比赛可评选出一等奖 1 名，二等奖 2 名，三等奖 3 名，优秀奖若干，也可根据实际情况调整评选数量。

1. 参赛要求

（1）参赛作品积极向上，反映现实生活，作品原创。

（2）参赛者具有一定的语言表达能力，感情丰富。

（3）所选作品体裁不限，切合主题，内容积极向上，具有时代气息，体现当代大学生风采。

（4）演讲时间为 3～5 分钟。

（5）若有配乐或 PPT，请自带 mp3 或 U 盘。

2. 评分标准

邀请有经验的老师（3～5 位）担任评委，评分细则（百分制，计算分值时，若评委有 5 位以上则去掉一个最高分，去掉一个最低分，再累加后求平均值即为选手评委得分；若评委人数低于 5 为则直接累加取平均数即可）。

（1）着装整齐，大方得体。【10 分】

（2）吐字清晰，普通话标准。【20 分】

（3）表现力强，表情和手势配合适当，能活跃气氛。【20 分】

（4）观点鲜明，内容充实生动。【25 分】

（5）具有创意性，结构清晰，论据充足，逻辑性强。【25 分】

3. 参考演讲主题

（1）我的大学我做主。

（2）睡在我上铺（下铺）的兄弟（姐妹）。

（3）性格决定命运。

（4）科技改变生活。

（5）昨天、今天、明天。

（6）推荐一本你认为有价值的书。

（7）说一件你最骄傲的事。

自我评估

1. 通过练习，我是否能上台当众演讲？

2. 积极心态训练我做到了吗？哪一条建议最有用？

3. 我每天能做到几条？今天做到哪几条？

4. 我每天都做到这些了吗？（做到的请打√）

	阅读书籍	大笑 10 次	目光训练	微笑练习	反省	听别人演讲
第一天						
第二天						
第三天						
第四天						
第五天						
第六天						
第七天						

5. 对我上台缓解紧张最有效的方法是：

职业指导教师评价

评选活动之星了!

是否为小组演讲前 3 名 是（　　）　否（　　）	理由： 职业指导教师签名
是否为班级演讲前 6 名 是（　　）　否（　　）	理由： 职业指导教师签名

评定成绩了!

成绩评定	评定标准	备注
优秀（　　）	1. 按照四个行动的要求，完成率达到 95%以上； 2. 是小组演讲前 3 名； 3. 是班级演讲前 6 名； 4. 按照辅导员的要求完成日常行为规范。	第 2 和第 3 之中有其一
良好（　　）	1. 按照四个行动的要求，完成率达到 85%以上； 2. 按照辅导员的要求完成日常行为规范。	
中等（　　）	1. 按照四个行动的要求，完成率达到 75%以上； 2. 按照辅导员的要求完成日常行为规范。	
及格（　　）	1. 按照四个行动的要求，完成率达到 60%以上； 2. 按照辅导员的要求完成日常行为规范。	
不及格（　　）	1. 按照四个行动的要求，完成率未达到 60%； 2. 不能按照辅导员的要求完成日常行为规范。	

职业指导教师评语

职业指导教师签名：

老师寄语

1. 敢于站上台，无论你表现如何，今天你迈出的这一步就值得鼓励！

2. 多练习，你一定会越来越棒的！

3. 说话应有真意，去粉饰，少做作，勿卖弄。

4. 敢言是成功的前提，善言是成功的基础。

5. 讲真话是演说家的美德。

6. 一个成功的演讲在关键时刻能改变一个国家、一个民族的命运。

主题活动十六　自己动手　方享其成

◆ 了解劳动是什么

《辞海》：劳动通常是指能够对外输出劳动量或劳动价值的人类运动，劳动是人维持自我生存和自我发展的唯一手段。

父母说：我们通过劳动改变自己，改善生活，改造世界。

老师说：苦也好，累也罢，劳动不仅有关人的健康和智慧，也有关人的快乐和美好。劳动使我们生活丰富多彩，劳动锻炼并造就了人类。人的伟大其实就在于会劳动、能劳动和爱劳动。没有劳动的人生是毫无意义的，能体现劳动的生活是充满幸福的。

◆ 发现劳动之美

◆ 制定劳动计划

行动一

自我评估

在我们大学校园里，下列现象屡见不鲜：

☐ 师兄师姐“宅”在宿舍成常态，连吃饭都叫外卖。

☐ 睡到日晒三竿才起，饭到嘴边才开口。

☐ 使用后的一次性餐具或方便面盒子乱堆成“山”，无人拾掇。

☐ 离不开电脑、网络和手机，不整理衣被，鞋袜脏乱刺鼻。

☐ 不会自己买衣裤。

☐ 脏衣服统一给楼下的洗衣店洗，或定期寄回家让父母洗。

□ 班级值日打扫教室选择逃跑，或能躲就躲，或随便应付。

□ 在打扫得干干净净的教室上课，课后，早点袋（杯）、饮料瓶、餐巾纸、废弃纸笔等脏污不堪。

□ 打扫宿舍请家政服务阿姨。

□ 实践动手教学环节均在旁边“参观”。

□ 期末考试有复习重点也懒得去记。

□ 顶岗实习期间嫌太“苦”，甚至当逃兵或被遣返。

□ 饭后的餐厅到处是丢弃的饭菜。

□ 看不起清洁工人或劳动的学生。

□ 空无一人的教室却灯火通明。

□ 水管持续滴漏却无人问津。

□ 穿必求丽，食必求精。

□ 毕业找工作看重的是工资等待遇。

……………

看来，患上“懒病”的同学可不少。而我也患有上述几条：________条（勾选）。再归纳一下，上述哪些条目可归类为：

□ 贪图安逸；□ 消极无为；□ 不尊重他人劳动，不以节俭为美；□ 金钱崇拜；□不知道要做什么，不知道怎么做。

□ 其他________________________________

行动二

2013 感动校园人物，17 年坚守在保洁岗位

学院学生处职工朱先德，17 年负责保洁的卫生区域，两栋楼，9 个公共卫生间，无论春夏秋冬，都能保证卫生间和楼道干干净净，每天不打扫完，绝不收工下班。岁月沧桑，生活艰辛，白天打扫卫生认认真真，夜晚参与保卫值班从不脱岗、睡岗。在校 17 年只回过一次家。孩子生病，用朴实而诚信的一句承诺，向学院领导寻求帮助，借了 8 000 元。连续 10 个月还清借款，兑现了自己的承诺。服务育人德为先，寒来暑往十七年。不怕脏，不怕累，开裂的双手与便池的零距离，彰显劳动人民本色。干净的楼道告诉我们，劳动美，劳动者更美。

2014 年“挑战杯——彩虹人生”全国职业学校创新创效创业大赛

2014 年“挑战杯——彩虹人生”全国职业学校创新创效创业大赛最美结果：共有 20 余项职业学校学生的作品变成成果，向企业进行了转让。杭州职业技术学院参赛学生洪佳磊的“圆盘注塑机取模专用执行系统”相关专利及使用专利技术以 20 万元的价格转让给浙江省宁波市慈溪市逍林创美鞋厂；浙江信息工程学校“智能节能窗技术”以 10 万元价格转让给湖州旭伟节能门窗有限公司，并在颁奖典礼上进行签约。

我发现的劳动美

我们视为偶像的名人、明星及成功大佬们，一直相信“早起的鸟儿有虫吃”。勤奋和努力是他们通往成功的必经之路，比如____________________，我最喜欢他（她）的事迹：

____

____

____。

我发现的劳动美

其实，我们发现的劳动美太多了，不管是身边的还是心中的。下面我分享一件发生在我身边的故事：

■ 事例：____。

简要叙述：____

____

____

____。

行动三

自己动手，方享其成。

我的劳动计划

1. ____；
2. ____；
3. ____；
4. ____；
5. ____；
6. ____；
7. ____；
8. ____；

…………

建议：

个人生活自理，学会生活。

自己去食堂打饭，自己洗脏衣服，保持宿舍和教室卫生清洁，有健康规律的作息时间。

勤俭节约，尊重劳动，不奢侈浪费，参加劳动，学会生存。

我们所有吃、穿、住、行和用的，都是他人辛苦劳动的成果，用心体察过劳动人民那双手的人，就知道一切都来之不易。这些劳动成果也是我们备加珍惜的社会资源，一旦没有这些资源，我们能生存吗？

试着参加社会劳动、生产劳动，取得生活来源，理解生存的艰辛。

走出宿舍，走出狭小的个人世界，走进社会实践锻炼，学会工作。

走出宿舍，沐浴在阳光下，鸟语花香，用心感知世界，观察和学习，与不同的人面对面地交往，提高我的沟通能力、表达能力、团队协作能力。

参加社团活动，参与公益劳动，践行好专业劳动和实践教学课，体会劳动的价值。

还有：

____

____

____

职业指导教师评价

<table>
<tr><td colspan="3">评选活动之星了！</td></tr>
<tr><td>是否为小组活动之星
是（　　）　否（　　）</td><td colspan="2">理由：

职业指导教师签名</td></tr>
<tr><td>是否为班级活动之星
是（　　）　否（　　）</td><td colspan="2">理由：

职业指导教师签名</td></tr>
<tr><td colspan="3">评定成绩了！</td></tr>
<tr><td>成绩评定</td><td>评定标准</td><td>备注</td></tr>
<tr><td>优秀（　　）</td><td>1. 按照练习和行动的要求，完成率达到 95%以上；
2. 是小组活动之星；
3. 是班级活动之星；
4. 按照辅导员的要求完成日常行为规范。</td><td>第 2 和第 3 之中有其一</td></tr>
<tr><td>良好（　　）</td><td>1. 按照练习和行动的要求，完成率达到 85%以上；
2. 按照辅导员的要求完成日常行为规范。</td><td></td></tr>
<tr><td>中等（　　）</td><td>1. 按照练习和行动的要求，完成率达到 75%以上；
2. 按照辅导员的要求完成日常行为规范。</td><td></td></tr>
<tr><td>及格（　　）</td><td>1. 按照练习和行动的要求，完成率达到 60%以上；
2. 按照辅导员的要求完成日常行为规范。</td><td></td></tr>
<tr><td>不及格（　　）</td><td>1. 按照练习和行动的要求，完成率未达到 60%；
2. 不能按照辅导员的要求完成日常行为规范。</td><td></td></tr>
<tr><td colspan="3">职业指导教师评语</td></tr>
<tr><td colspan="3">

职业指导教师签名：</td></tr>
</table>

老师寄语

我们只要亲手去劳动，去耕耘，自然就能享其带来的物质和精神世界！

主题活动十七 安全规章系生命 自觉遵守是保障

安全是人类生存与发展的最基本要求，是生命与健康的基本保障。安全生产是保护劳动者安全健康、保证国民经济持续发展的基本条件。我们即将从事的各种工作岗位都会存在着各种各样的安全隐患。

◆ 培养自己的劳动安全意识

◆ 主动遵守劳动纪律要求

◆ 主动了解相关行业造成劳动安全事故的主要原因

我们先来看看一下别人怎么做。

案例分析

观猎人活捉巨蟒有感

夏季，是非洲母蟒在洞穴中产卵孵蛋的季节，在喀麦隆和尼日利亚边境人烟稀少的阿达马瓦大草原中心地区，三个喀麦隆格巴亚斯人一起去捉蟒。

首先，他们用火烧掉荆棘树丛，开辟出长约百米的通往蟒洞的道路。进洞之前，猎蟒人先用兽皮把手和小臂包裹好。然后，猎蟒人点上火把，钻进狭窄的蟒洞。当到达洞底母蟒孵蛋处时，将火把放到蟒蛇头边，用火苗遮住蟒蛇的双眼。蟒蛇发现了“入侵之敌”，为了保护自己孵卵的窝，便张口露出牙齿，盘绕在几十枚卵上，随时准备噬咬来犯之敌。但由于蟒蛇看不清眼前的情形，猎蟒人可以伺机抓住它的脖颈（“七寸”处）。这时如果它张口想咬，猎蟒人便把用兽皮包裹着的一只手伸过去让它咬住，随即用另一只手紧紧抓住它的脖颈。接着猎蟒人向后倒退，到洞口时，外面的同伴抓住猎蟒人的脚向外拉。蟒蛇一被拖出地面，便开始发起攻击，缠绕住猎蟒人的脖子和躯干，此时，两名同伴上前把蟒蛇拉开。最后，三人一起抬着蟒蛇，面带笑容，满载而归。

非洲猎人活捉巨蟒整个过程既惊险又刺激，让我们大开眼界，在惊叹猎人非同一般的勇气和胆量的同时，在如何确保作业安全上也给我们上了生动的一堂课。

第一，安全素质全面。

可以看出，三人都是身经百战的猎人，有着丰富的捉蟒技能和经验，同时又具有较高的安全意识，清楚地知道捉蟒的危险性，明白“捉蛇捉七寸”的道理。

第二，个体防护得当。

猎蟒人不是赤手空拳式，入洞前用兽皮把关键部位——手和小臂保护好。兽皮在蟒蛇张口咬人时，一展身手，有效地保护了猎蟒人不被咬伤。

第三，辅助工具有效。

在整个捕捉过程中，有效地借助了火的作用。首先，是用火烧掉荆棘树丛，开辟通道，方便作业。其次，举着火把深入洞穴，发现蟒蛇后把火把放在蟒蛇眼前。在这个过程中，火既起到照明的作用，又遮住了蟒蛇的双眼，可谓一举两得。

第四，团队合作默契。

猎蟒人入洞前由同伴协助把手臂用兽皮有效包裹好，从入洞到把蟒蛇被拖出前，同伴一直在洞口密切看护，一旦发现情况异常，可以及时把猎蟒人解救出来。在蟒蛇被拖出并缠绕住猎蟒人时，如果没有同伴将蟒蛇拉开，猎蟒人就会被蟒蛇勒紧窒息而死。

非洲猎人捉蟒，向我们展示了“原始班组”在有限空间作业的全过程。

在现代企业安全生产过程中，我们面对类似“捉蟒”的作业越来越多，特别是从事动火作业、临时用电作业、高处作业等危险性较高的作业。

行动

面对危险，如何应对？我要这样做：

第一步：我要知道劳动纪律的要求

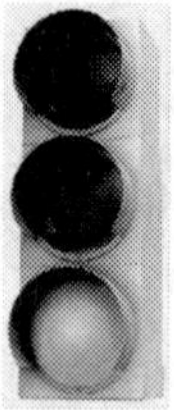

- □ 严格履行劳动合同及违约应承担的责任（履约纪律）。
- □ 按规定的时间、地点到达工作岗位，按要求请事假、病假、年休假、探亲假等（考勤纪律）。
- □ 根据生产、工作岗位职责及规则，按质、按量完成工作任务（生产、工作纪律）。
- □ 严格遵守技术操作规程和安全卫生规程（安全卫生纪律）。
- □ 节约原材料、爱护用人单位的财产和物品（日常工作生活纪律）。
- □ 保守用人单位的商业秘密和技术秘密（保密纪律）。
- □ 遵纪奖励与违纪惩罚规则（奖惩制度）。
- □ 与劳动、工作紧密相关的规章制度及其他规则（其他纪律）。

劳动安全意识从现在开始抓

我目前就读专业的行业安全规范是：

____

____

____

____

____

我希望将来从事行业的安全规范是：

____

____

____

____

____

第二步：我要了解造成劳动安全事故的主要原因

构成劳动安全事故的原因多种多样，但主要归纳为：人的不安全行为（人的错误推测与错误行为）和物的不安全状态（危险的环境及较差的管理）。在各种安全事故的原因构成中，人的不安全行为和物的不安全状态是造成事故的直接原因。

杜邦公司一次为期十年的统计数据证明了人的不安全行为导致的事故占劳动安全事故的96%，其中个人防护装备佩戴占12%；工作位置不当占30%；人员的反应不准确占14%；工具使用不当占20%；设备使用不当占8%；操作程序错误占11%，工序错误占1%。物的不安全状态导致的事故占4%。实践证明，当物的不安全状态和人的不安全行为在一定时空发生交叉时，就是安全事故的触发点。

2008年10月29日下午，郑州电务段雇用农民工在淳广线忠义站5号道岔处进行加固安装防松帽工作，信号工赵永涛负责维护。15时左右，赵独自前往1号岔处进行作业，15时20分，站联络员通知室外：列车接近，下道避车，农民工们下道后发现，赵仍然在1号岔处，连忙用对讲机呼叫，未等到应答。15时29分，赵被下行通过的T235次列车撞倒死亡。

看了这个案例，我知道了事故的原因是：

1. ____

2. ____________________

3. ____________________

看了这个案例，我知道了事故带来的后果是：

____

____

____

____

第三步：我可以在日常劳动中杜绝以下事故隐患，确保生命安全（联系下图）

____

____

____

____

____

在漫画中识别身边的违章

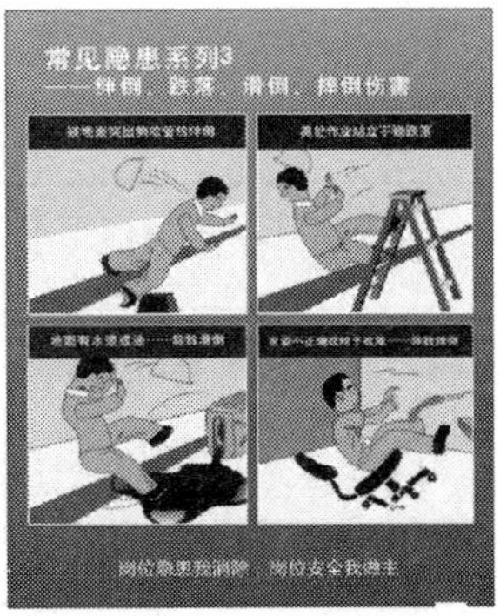

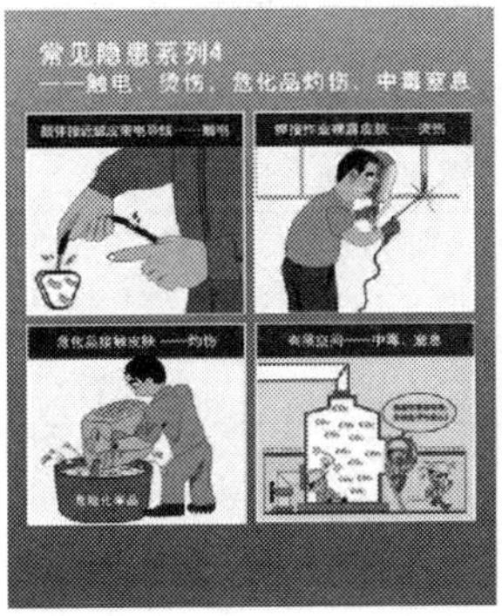

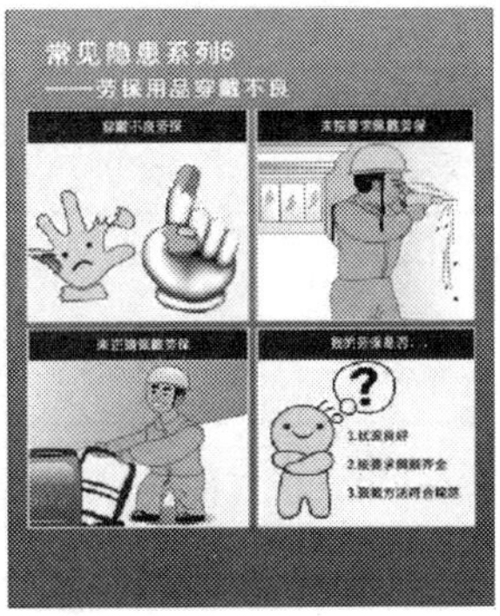

自我评估

1. 日常的学习、工作和生活中，我存在哪些安全意识淡薄的情况？

____

____

____

2. 哪些有安全隐患的行为习惯是可以改进的？怎么改进？

____

____

____

____

____

职业指导教师评价

评选活动之星了！	
是否为小组活动之星 是（　　）　否（　　）	理由： 职业指导教师签名
是否为班级活动之星 是（　　）　否（　　）	理由： 职业指导教师签名

评定成绩了！

成绩评定	评定标准	备注
优秀（　　）	1. 按照五个行动的要求，完成率达到95%以上； 2. 是小组活动之星； 3. 是班级活动之星； 4. 按照辅导员的要求完成日常行为规范。	第2和第3之中有其一
良好（　　）	1. 按照五个行动的要求，完成率达到85%以上； 2. 按照辅导员的要求完成日常行为规范。	
中等（　　）	1. 按照五个行动的要求，完成率达到75%以上； 2. 按照辅导员的要求完成日常行为规范。	
及格（　　）	1. 按照五个行动的要求，完成率达到60%以上； 2. 按照辅导员的要求完成日常行为规范。	
不及格（　　）	1. 按照五个行动的要求，完成率未达到60%； 2. 不能按照辅导员的要求完成日常行为规范。	

职业指导教师评语
   职业指导教师签名：

老师寄语

1. 劳动者的组织性、纪律性、坚毅精神以及同所有劳动者的团结一致，是取得最后胜利的保证。

2. 虚心请教，掌握劳动要领。

3. 遵守劳动纪律，服从分配听指挥。

4. 跟着感觉走，事故牵你手；跟着规章走，安全永长久。

5. 切忌蛮干，量力而行，珍惜生命。

6. 注意劳动保护。

7. 心中记安全，脑中装安全，口中讲安全，行动保安全。

主题活动十八　享受过程注重结果

劳动是人类存在的基础和手段，是一个人在体格、智慧和道德上臻于完善的源泉。苏联作家高尔基曾说："我们在劳动过程中学习思考，劳动的结果让我们认识了世界的奥妙，于是我们就能改变生活了。"通过本节活动，我们要实现的目标主要有以下两个：

◆ 学会发现劳动中的乐趣，享受劳动过程

◆ 建立并培养一些良好的劳动习惯

行动一

自我评估

我每天都能按时起床：　□是　□不是

我能起床后整理好自己的床铺：　□是　□不是

理由是________________________________

即使不是我值日，我也能主动打扫宿舍卫生：　□是　□不是

理由是________________________________

日常生活中我能欣然接受额外的劳动付出：　□是　□不是

生活中的小事让我感到了劳动的乐趣：　□是　□不是

如果以上你都没有参与，或参与得很少，还没有更深的体会，不清楚劳动的乐趣，那就随我一起看看下面两段案例，再重新思考，行动吧！

行动二

案例分析一

你可知道石匠是怎么敲开一块大石头的吗？他所拥有的工具只不过是一个小铁锤和一支小凿子，可是这块大石头却硬得很。当他举起锤子重重地敲下第一击时没有敲下一块碎片，甚至连一丝凿痕都没有，可是他并不以为意，继续举起锤子一下再一下地敲，一百下、二百下、三百下，大石头上依然没出现任何裂痕。

可是石匠还是没懈怠，继续举起锤子重重地敲下去，路过的人看他如此卖力，不见成效却还继续硬干，不免窃窃私语，有些人甚至还笑他傻。可是石匠并未理会，他知道虽然所做的还没看到成效，不过那并非表示没有进展。他又挑了大石头的另一个地方敲，一锤又一锤，也不知道是敲到第五百下还是第七百下，或者是第一千零四下，在最后一击，石匠终于看到了成效，那不是只敲下一块碎石，而是整块大石头裂成了两半。

看完这个案例后，你认为是石匠的最后那一击使得石头裂开的吗？如果不是，你认为是什么？

____

____

____

____

案例分析二

尖峰公司是一家中型的广告公司，设计部是两男一女的格局，平日里，三人总是能够在繁忙的工作中，找到“偷闲”的机会。例如，聊聊电视剧，或者是商场里最新的打折信息，抑或是年轻人感兴趣的电子产品等，就这样，三个人的工作过得优哉游哉。

一天，老板领着一个稚气未退的男孩走进他们的办公室，向他们介绍新同事——应届专科毕业生林。

林来到设计部上班，像每个新人一样默默无闻、勤勤恳恳地工作着。早上，“元老”们还没到，林就开始打扫办公室。设计部有很多需要跑腿的活儿，以前设计部的人都不愿意去做，总是以猜拳的方式来选出谁是那个“倒霉蛋”。但是现在，不用言语，林早就揣起文件，送往了有关部门。而当林跑前跑后的时候，“元老”们按照惯例又将话题扯到别的热点新闻上去了。每当下班的时候，“元老”们都会迫不及待地奔出公司，而林则毫无怨言地收拾着遍地狼藉的办公室。林还注意到老板每天下班后都会依旧留在办公室里继续工作，为此，林决定下班后也留在公司，他觉得自己应该留下来，在老板需要时为他提供一些帮助。久而久之，老板逐渐养成了让林帮忙的习惯。

三年后，公司不断壮大，要在异地成立一家分公司，要选出一个总经理。涉及各自的前途，平时人浮于事的那几个老职员，渐渐地收敛了许多，都想在老板面前留下好印象，以赢得升迁的机会。然而，不久，人选张贴在办公室的公布栏，是林后来居上了。

从这个案例，我的体会是：

____

____

____

____

行动三

培养良好的劳动习惯

劳动创造了人类，劳动作为人类延续的必需，也是人作为社会一员对这个社会应尽的责任，融入社会后，谁也避免不了参加劳动——家务劳动、公益劳动、获得生存资料的社会劳动。具有良好的劳动习惯不仅是作为一个好公民的必备，也是成为一个幸福劳动者的需要。

第一步：树立劳动最光荣的观念

我现在还记得小时候唱过的一首儿歌——《劳动最光荣》

“太阳光金亮亮，雄鸡唱三唱，花儿醒来了，鸟儿忙梳妆，小喜鹊造新房，小蜜蜂采蜜忙，幸福的生活从哪里来，要靠劳动来创造；青青的叶儿红红的花，小蝴蝶在玩耍，不爱劳动不学习，我们大家不学它，要学喜鹊造新房，要学蜜蜂采蜜忙，劳动的快乐说不尽，劳动的创造最光荣！”

2013 年 4 月 28 日，习近平总书记在全国总工会与劳模代表会谈时提出：**“必须牢固树立劳动的观念，崇尚劳动，造福劳动者，让全体人民进一步焕发劳动热情、释放创造潜能，通过劳动创造更加美好的生活。”**

第二步：从“自我服务”做起

每个人内心深处都有一些自己的想法，为了使这些想法能够实现，通过自我的一些思考和设计，捕获相关的重要信息，通过这些来服务自我想法的实现，即为自我服务。

良好的劳动习惯需要长期培养，需从身边小事做起，哪些是这样的小事？

思考：如何做好“自我服务”？

思考：如果我不做这些所谓的“小事”，我的生活环境会变成什么样子？

第三步：积极参加公益劳动和社会实践

公益劳动是直接服务于社会的有益的、无偿的劳动，是德育教育的重要组成部分。

社会实践就是在基于学习理论知识之上，接触社会，参加社会活动，实现人与人之间的交往，丰富感性认识的一种行为。

我所知道的公益劳动有哪些？

我想在公益劳动中锻炼哪些品质，收获什么？

我参加过的社会实践有哪些？

在社会实践中提高了自己哪些能力？

自我重新评估

1. 我对“享受劳动过程，注重结果”有了新的认识：

2. 我对如何养成良好的劳动习惯有了新的认识：

3. 我对良好的工作习惯和注重小事对未来职场的把握有了全新的认识：

职业指导教师评价

<table>
<tr><td colspan="3">评选活动之星了！</td></tr>
<tr><td>是否为小组活动之星
是（　　）　否（　　）</td><td colspan="2">理由：

职业指导教师签名</td></tr>
<tr><td>是否为班级活动之星
是（　　）　否（　　）</td><td colspan="2">理由：

职业指导教师签名</td></tr>
<tr><td colspan="3">评定成绩了！</td></tr>
<tr><td>成绩评定</td><td>评定标准</td><td>备注</td></tr>
<tr><td>优秀（　　）</td><td>1. 按照三个行动的要求，完成率达到95%以上；
2. 是小组活动之星；
3. 是班级活动之星；
4. 按照辅导员的要求完成日常行为规范。</td><td>第2和第3之中有其一</td></tr>
<tr><td>良好（　　）</td><td>1. 按照三个行动的要求，完成率达到85%以上；
2. 按照辅导员的要求完成日常行为规范。</td><td></td></tr>
<tr><td>中等（　　）</td><td>1. 按照三个行动的要求，完成率达到75%以上；
2. 按照辅导员的要求完成日常行为规范。</td><td></td></tr>
<tr><td>及格（　　）</td><td>1. 按照三个行动的要求，完成率达到60%以上；
2. 按照辅导员的要求完成日常行为规范。</td><td></td></tr>
<tr><td>不及格（　　）</td><td>1. 按照三个行动的要求，完成率未达到60%；
2. 不能按照辅导员的要求完成日常行为规范。</td><td></td></tr>
<tr><td colspan="3">职业指导教师评语</td></tr>
<tr><td colspan="3">

职业指导教师签名：</td></tr>
</table>

老师寄语

1. 劳动和人，人和劳动，这是所有真理的“父母亲”。

2. 劳动是万物的基础，劳动者是支柱，他支撑着文明与进步的结构。

3. 知识是从劳动中得来的，任何成就都是刻苦劳动的结晶。

4. 取得伟大的成绩和辛勤劳动是成正比的，有一分劳动就有一分收获，日积月累，从少到多，奇迹就可以创造出来。

5. 人生的最大快乐，是自己的劳动得到了成果。

6. 劳动使人忘忧。

7. 人在自己的劳动中创造自己并理解劳动的美。

8. 做不成小事的人也做不成大事。

9. 每天多做一点点，从现在开始一点也不晚。

10. 当劳动是一种快乐时，生活是美的；当劳动是一种负担时，生活就是奴役。

主题活动十九　工作无贵贱 行业无尊卑

◆ 了解自己学习的专业

◆ 认识劳动和劳动的分类

□ 劳动通常指能够对外输出劳动量或劳动价值的人类运动；

□ 劳动是人维持自我生存和自我发展的唯一手段；

□ 劳动是通向客观世界和主观世界的媒介；

□ 劳动是实现人性至善至美、彻底自由的必由之路。

□ 劳动可以分为简单劳动和复杂劳动；

□ 劳动可以分为脑力劳动和体力劳动。

◆ 树立正确的劳动价值观

我目前学习的专业是________________________________

我对自己就读的专业：□喜欢　　□不喜欢

理由是____

____

____

我毕业后专业对口的行业是____________________________，对口的职业有

____

我希望将来从事的行业是______________________________，从事的职业是

____

理想与现实：□一致　　不一致

若不一致，主要是因为：□社会声望问题　□职业收入问题　□工作环境问题　□个人兴趣问题　□个人能力问题

倘若是因为金钱与名誉，那就看看下面这个案例小故事，再重新思考吧！

案例分析

小伙高考失利上专科　工作5年成全国劳模

在广州地铁四号线，年仅27岁的小伙子徐志标，获得了很多同龄人难以企及的荣誉——全国劳模。与他一起得奖的，既有从外地到广州打拼了整整30年的清洁工，也有知名国企中已届不惑之年的领军人物。而他只是个初出茅庐、工作五年的毛头小伙。而就在8年前，徐志标还一度扼腕，高考失利让他只能读专科院校。

5年巡视310公里轨道

凌晨1时，当大多数人还在梦乡中，徐志标则穿起绝缘橡胶鞋，披上夜光条纹的橙色安全背心、拿着几十斤重的工具包，走进4号线地铁隧道，开始了一天的工作。

徐志标拿出检修要用的工具，林林总总10多样，不少连名字都叫不上来，就拿常用的扳手来说，至少有18种型号。每晚，他要完成约500米的轨道检测，这样的动作要重复160多次。说起检修的速度，他一个人通常比两个人加起来还要快很多。

8年前高考失利一度气馁

虽然徐志标如今被评为全国劳模，然而在8年前，他却只是个失意的高考落榜者。徐志标说，2006年，他从从化三中毕业参加高考，当年他的第一志愿是广州大学，却无奈成绩不理想，分数没有上本科线，只能去读专科院校。“那时候觉得挺气馁的，觉得比起上了大学的同学，起点不如人家。”就连参加同学聚会，也觉得有些“抬不起头”。

花三年研究一个开关

然而，当毕业后，情况却出现了转机。他进入广州地铁，工作越来越顺遂，成为地铁公司少有的几人仅用4年时间就从7级技工晋升为4级技工。然而，这样的转变绝非一朝一夕完成的，而是源于徐志标的努力。在同事们的心中，如果用一个词来形容徐志标，“拼命三郎”绝不为过。在最初进入地铁公司时，单单为了研究一个“隔离开关”，他就花了整整3年时间。

当时，不少新同事刚开始上班，还没有习惯日夜颠倒的生活，一有空就抓紧时间休息。但徐志标却开足马力，每天都在研究。他的同事说，徐志标阅读了大量专业书籍，一本《接触网850问》，被他翻阅得几乎快烂掉。

这位逆袭的小伙子徐志标说，无论什么行业，从什么学校毕业，最重要的是自己在这个行业努力付出。“就算起点不如别人，但努力总会有回报。”

看完这个案例后，我的感触是：

____

____

____

行动

第一步：认识现实的职业劳动

以下人员分别是什么职业？从事的是何种劳动？我可以快速地回答出来。

____

____

____

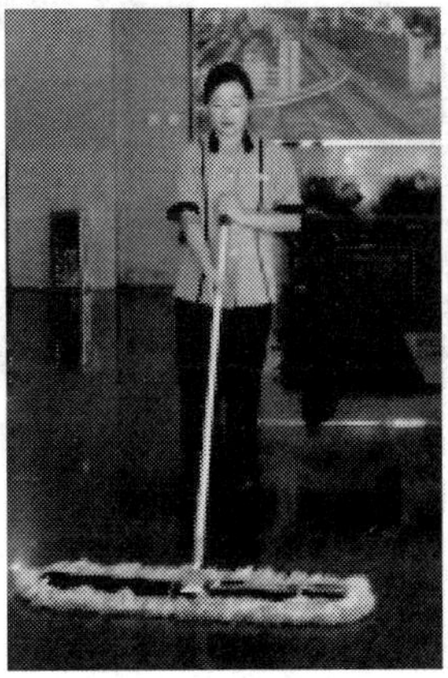

____

____

____

____

____

____

____

____

____

对于今天的人们来说，没有什么比职业劳动更重要，它既是我们生存的保障，也是实现人生价值的工具。

第二步：认识各行各业的重要性

社会是一个整体，各行各业的人们所从事的正当工作，对整个社会来说都是不可缺少的。政府官员、科学家、设计师、商务精英等众多从事脑力劳动的职业对社会发展至关重要，但从事体力劳动的职业同样不可或缺，甚至更加重要。如果没有农民的辛勤耕种，我们的衣食将无着落；如果没有环卫工人的起早贪黑，我们的城市将充满污浊；如果没有建筑工人的不畏险累，我们将不会有现代化的房屋居住……

请观察并记录围绕校园学习和生活有哪些职业？

思考：如果缺少其中一个职业会出现什么情景，我的学习生活还能正常运转吗？

第三步：形成正确的劳动价值观

脑力劳动和体力劳动永远是成正比的，劳动只有分工不同，没有贵贱之分，普通劳动者永远是组成社会大厦的主体，他们就像一粒粒平凡的石子，用自己的力量维系着世界、改变着世界。

劳动的价值不仅在于追求声誉和经济价值，更在于完善人的内心。在享受劳动、享受工作中耕耘自我的心田，造就自我深沉厚重、独立优秀的人格魅力。

观察下面不同职业的卡通形象，我发现他们有一个共同点：

可能的原因是：

带来的结果是：

案例分析

案例一：一名青年公务员用自己的亲身经历告诉父母——公务员岗位没你们想的那么好，外面的工作没你们想的那么坏

2013 年 12 月，吴军正式离开北京某街道办。

“我希望趁着年轻，多学点东西，多一些经历。做公务员没有那么差，我很多同学都在里面，这说明它有它的优越性，我只是作了自己的选择。”吴军说。

吴军被分在一个党政办公室，主要负责准备文案、材料、撰写会议记录等。每天早上 9 点，吴军准时到单位上班。5 点半下班后，他会自己做饭，然后玩游戏。工作一段时间后，吴军发现，每天的工作内容不是自己想要的，他做得不是特别开心。“我觉得自己做得不够好，像一些会议纪要，做起来没有任何头绪。还有，比如你今年写了个总结，明年稍微把里面的数字改改，又是一篇总结。很多工作内容跟自己想做的不一样，没意思”。

在父母的眼中，这是一份千载难逢的好工作，工作不累，安稳，也不会担心裁员问题，说出去也有面子，政府工作人员。值得思考的是，5 年后该怎么办？若不能升职，怎么给自己未来的家庭一个幸福的开始？

吴军专门写了一封信来说服自己的父母关于辞职的事。信中，他告诉父母：“公务员岗位没你们想的那么好，外面的工作没你们想的那么坏。企业的工资涨得快，升职也升得快。几年后，如果干得好，可能升好几级，可能就到了副总监、总监，而且做的也是自己想做的工作。”

案例二：餐厅服务员也有逆袭晋升之路

王颂梅，2008 年进入新白鹿餐厅游泳馆店做服务员，半年后，她升为了组长，再 1 年后她升为领班，而她从领班升为主管则花了不到一年时间。2012 年，在新元华店开张 1 年多后，她被提升到这一门店担任经理。王颂梅说，自己 26 岁就当上了门店经理，这样的晋升速度已经算是高速了。

以前，餐厅的工作人员总被认为没有前途，端端盘子，没有技术含量。而现在，只要选对了餐饮企业，加上自己肯干，四五年内从一个服务员晋升为门店经理也不是什么难事。

新白鹿餐厅人力资源总监朱坚浩告诉记者，新白鹿餐厅一半以上的门店经理都是从服务员晋升而来。

看完这两个案例，我深深体会到：

____

____

____

____

自己亲身去体会一下觉得“不体面”的兼职工作：

□ 第一步：选择兼职工作

工作是：______________________________

□ 第二步：应聘

□ 第三步：工作

□ 第四步：总结

有无快乐感：______________________________

责任心有无增强：______________________________

意志力有无增强：______________________________

有无创造力：______________________________

有无成就感：______________________________

现在自己是否还对这个职业有偏见？

____

____

如果有，原因是什么？

____

应该如何消除这种偏见？

自我重新评估

1. 我对劳动有新的认识了吗？

2. 我对自己的专业重新认识了吗？

3. 我对自己未来的职业发展之路有新思考了吗？做自己本专业的职业，还是改行？我该如何做？

职业指导教师评价

<table>
<tr><td colspan="3">评选活动之星了！</td></tr>
<tr><td>是否为小组活动之星
是（　　）　否（　　）</td><td colspan="2">理由：

职业指导教师签名</td></tr>
<tr><td>是否为班级活动之星
是（　　）　否（　　）</td><td colspan="2">理由：

职业指导教师签名</td></tr>
<tr><td colspan="3">评定成绩了！</td></tr>
<tr><td>成绩评定</td><td>评定标准</td><td>备注</td></tr>
<tr><td>优秀（　　）</td><td>1. 按照三个行动的要求，完成率达到 95%以上；
2. 是小组活动之星；
3. 是班级活动之星；
4. 按照辅导员的要求完成日常行为规范。</td><td>第 2 和第 3
之中有其一</td></tr>
<tr><td>良好（　　）</td><td>1. 按照三个行动的要求，完成率达到 85%以上；
2. 按照辅导员的要求完成日常行为规范。</td><td></td></tr>
<tr><td>中等（　　）</td><td>1. 按照三个行动的要求，完成率达到 75%以上；
2. 按照辅导员的要求完成日常行为规范。</td><td></td></tr>
<tr><td>及格（　　）</td><td>1. 按照三个行动的要求，完成率达到 60%以上；
2. 按照辅导员的要求完成日常行为规范。</td><td></td></tr>
<tr><td>不及格（　　）</td><td>1. 按照三个行动的要求，完成率未达到 60%；
2. 不能按照辅导员的要求完成日常行为规范。</td><td></td></tr>
<tr><td colspan="3">职业指导教师评语</td></tr>
<tr><td colspan="3">

职业指导教师签名：</td></tr>
</table>

老师寄语

1. 劳动创造了美，创造了一切，劳动最光荣。

2. 世界上最美好的东西，都是由劳动、由人的聪明的双手创造出来的。

3. 业无高卑志当坚，男儿有求安得闲。

4. 荣誉的职业是沉重的负担。

5. 世上没有卑贱的职业，只有卑贱的人。

6. 最卑贱的职业显然也是最有用的职业。

7. 职业尽管不同，但天才的品德并无分别。

8. 检验一个人是否具备某种职业才能，就是看他能否热爱其中包含的枯燥劳动。

9. 一分耕耘，一分收获。

10. 未来属于两种人：思想的人和劳动的人。

11. 三百六十行，行行出状元。

12. 世界上不存在绝对好的工作，只有适合自己的才是最好的。

13. 任何工作，只要做好，都可以得到别人的赞美和尊重。

图书在版编目（CIP）数据

职业素养养成教育/张云霞主编．—北京：中国人民大学出版社，2017.8
21世纪高职高专规划教材．通识课系列
ISBN 978-7-300-24980-3

Ⅰ.①职… Ⅱ.①张… Ⅲ.①职业道德-高等职业教育-教材 Ⅳ.①B822.9

中国版本图书馆CIP数据核字（2017）第224418号

21世纪高职高专规划教材·通识课系列
职业素养养成教育
主编　张云霞
Zhiye Suyang Yangcheng Jiaoyu

出版发行	中国人民大学出版社		
社　　址	北京中关村大街31号	**邮政编码**	100080
电　　话	010－62511242（总编室）		010－62511770（质管部）
	010－82501766（邮购部）		010－62514148（门市部）
	010－62515195（发行公司）		010－62515275（盗版举报）
网　　址	http://www.crup.com.cn		
经　　销	新华书店		
印　　刷	北京昌联印刷有限公司		
规　　格	185 mm×260 mm　16开本	**版　　次**	2017年9月第1版
印　　张	10.5	**印　　次**	2022年12月第7次印刷
字　　数	212 000	**定　　价**	28.00元(1、2)

21世纪高职高专规划教材
通识课系列

2

职业素养养成教育

本书阐释大学生职业生涯规划和职场素质培养等基本知识，注重培养学生的职业规划意识和职场意识，同时为大学生的职业生涯规划和职场素质培养提供实务指导，进一步培养和调动学生的自主学习和规划意识。

策划编辑 罗海林
责任编辑 李 剑 刘 柳 杨松超
封面设计 许 广

ISBN 978-7-300-24980-3

定价：28.00 元（1、2）